Dr. Richard Zierl

Fehler in elektronischen Schaltungen finden

FRANZIS
ELEKTRONIK

Dr. Richard Zierl

Fehler in elektronischen Schaltungen finden

Bibliografische Information der Deutschen Bibliothek
Die Deutsche Bibliothek verzeichnet diese Publikation in der Deutschen Nationalbibliografie; detaillierte Daten sind im Internet über **http://dnb.ddb.de** abrufbar.

Hinweis
Alle Angaben in diesem Buch wurden vom Autor mit größter Sorgfalt erarbeitet bzw. zusammengestellt und unter Einschaltung wirksamer Kontrollmaßnahmen reproduziert. Trotzdem sind Fehler nicht ganz auszuschließen. Der Verlag und der Autor sehen sich deshalb gezwungen, darauf hinzuweisen, dass sie weder eine Garantie noch die juristische Verantwortung oder irgendeine Haftung für Folgen, die auf fehlerhafte Angaben zurückgehen, übernehmen können. Für die Mitteilung etwaiger Fehler sind Verlag und Autor jederzeit dankbar. Internetadressen oder Versionsnummern stellen den bei Redaktionsschluss verfügbaren Informationsstand dar. Verlag und Autor übernehmen keinerlei Verantwortung oder Haftung für Veränderungen, die sich aus nicht von ihnen zu vertretenden Umständen ergeben. Evtl. beigefügte oder zum Download angebotene Dateien und Informationen dienen ausschließlich der nicht gewerblichen Nutzung. Eine gewerbliche Nutzung ist nur mit Zustimmung des Lizenzinhabers möglich.

Satz: Fotosatz Pfeifer, 82166 Gräfelfing
art & design: www.ideehoch2.de

ISBN 978-3-7723-**4815-0**

Vorwort

Jeder Haushalt verfügt heute über eine Vielzahl von elektronischen Geräten (Radio, TV, Hi-Fi-Anlage, mp3-Player, Handy, Türsprechanlage, PC, Videorekorder, Uhr, elektrische Zahnbürste, Brotschneidemaschine, Dimmer usw.). So zuverlässig moderne Elektronik auch ist, ab und zu verweigert ein Gerät seinen Dienst.

Dann ist guter Rat teuer. Werkstätten um die Ecke, die preiswert und zuverlässig reparieren, gibt es immer weniger. Der übliche Rat im „Fachgeschäft" angesichts einer Reparaturanfrage lautet: „Eine Reparatur bei diesem Gerät lohnt sich nicht mehr, es ist billiger, wenn Sie gleich ein neues kaufen. Wir haben gerade ein Sonderangebot."

Nicht zuletzt die Wegwerfmentalität ist mitverantwortlich für die nach wie vor zunehmende Umweltproblematik. Elektronikschrott zählt mit zu den giftigsten Hinterlassenschaften unserer Zivilisation. Selbst wenn das neue Gerät im Vergleich zum alten etwas weniger Strom verbraucht, müsste für eine positive Gesamtbilanz auch der nicht unerhebliche Energieverbrauch für die Gewinnung der Rohstoffe sowie die Herstellung und den Transport des neuen Geräts in Rechnung gestellt werden – ebenso wie der Energieverbrauch für das Recycling des Altgeräts.

Lernen Sie auf experimentelle Art, wie typische und häufige Fehler in elektronischen Geräten systematisch gefunden werden können. Einfache und nützliche Hilfsmittel zur Fehlersuche bauen Sie selbst zusammen. So erwerben Sie Schritt für Schritt wertvolle Kenntnisse, die Ihnen helfen, elektronische Geräte zu verstehen und zu reparieren.

Dabei stellen Sie dann fest, dass in der Regel ältere Geräte leichter zu reparieren sind als neuere. Wenn also Ihr alter Kassettenrekorder streikt, sparen Sie sich den Weg zum Wertstoffhof (und Geld für ein neues Gerät) und wagen Sie den Versuch, das ans Herz gewachsene Gerät zu reparieren. Es ist leichter, als Sie denken, und es lohnt sich. Sie sparen nicht nur Geld, Sie erwerben auch wertvolle Kenntnisse über elektronische Schaltungen.

Warnung:
Ohne Grundkenntnisse in der Elektronik geht nichts. Es gibt Bücher (z. B. „Elektronische Schaltungen", ISBN 978-3-7723-5717-6) oder auch Lernpakete (z. B. „Lernpaket Elektronische Schaltungen", ISBN 978-3-7723-65013-7), die die nötigen Kenntnisse vermitteln. Wenn Sie noch nicht sicher sind, wagen Sie sich nicht an eine Reparatur. Die Gefahr ist groß, dass Sie den Schaden vergrößern, statt ihn zu beheben.

Diese Warnung gilt insbesondere für Reparaturversuche an netzbetriebenen Geräten, an Netzgeräten selbst oder an Geräten mit hohen Betriebsspannungen (z. B. Hi-Fi-Verstärker mit Röhren). Erwerben Sie erst Kenntnisse über die notwendigen Sicherheitsmaßnahmen, bevor Sie sich an lebensgefährlich hohe Spannungen wagen (Spannungen über 60 V).

In diesem Buch lernen Sie, einfache Fehler zu finden. Dabei steht der Einsatz einfacher Prüfmittel im Vordergrund. Teure und komplizierte Messmittel werden nicht vorausgesetzt. Die Behandlung komplexer Fehler bleibt außen vor. Damit bleibt das Buch für Anfänger und Quereinsteiger verständlich.

Natürlich dauert es manchmal auch etwas länger, einem Fehler auf die Spur zu kommen, insbesondere wenn kein Schaltplan verfügbar ist. Umso größer ist die Genugtuung, den Fehler schließlich doch gefunden und beseitigt zu haben. Nicht nur, dass damit der Umwelt Gutes getan wurde, auch das persönliche Know-how wurde gestärkt.

Seitdem es leistungsfähige SPICE-Simulatoren kostenlos aus dem Internet gibt (z. B. *LT SPICE IV* von Linear Technologies oder *MultiSIM Analog Devices Edition* von National Instruments), kann sich auch ein Hobby-Elektroniker das Leben erleichtern. Unbekannte oder nicht leicht durchschaubare Schaltungen oder Schaltungsteile lassen sich problemlos mit dem virtuellen Labor des SPICE-Simulators am PC untersuchen. So finden Sie schnell und gefahrlos heraus, wie die Schaltung funktioniert und wo eventuell ein Bauteil defekt ist. Eine leicht verständliche Einführung in SPICE-Simulationsprogramme finden Sie unter anderem in den Büchern „Elektronische Schaltungen", ISBN 978-3-7723-5717-6, „Schaltungssimulation mit SPICE", ISBN 978-3-88180-852-1 und im Lernpaket „PC-Messtechnik", ISBN 978-3-7723-5360-4.

Weitere Informationen unter www.zierl-richard.de

Viel Erfolg bei der Fehlersuche und ein gutes Gefühl dabei, die überbordende Flut von hochgiftigem Elektronikschrott etwas verringert zu haben.

Dr. Richard Zierl

Inhalt

1 Einleitung

Im Folgenden werden die verwendeten Bauteile kurz vorgestellt. Sie sind problemlos zu beschaffen und in der Bastelkiste oft bereits vorhanden. Für diejenigen, die nicht so gerne löten und die Bauteile noch nicht haben, gibt es vom Franzis-Verlag ein „Lernpaket Fehlersuche in elektronischen Schaltungen“, das neben diesem Buch auch alle Bauteile und ein praktisches Steckboard enthält. Damit lassen sich alle Schaltungen aus diesem Buch einfach nachbauen und darüber hinaus eigene Schaltungsideen realisieren. So sind Sie bestens für den praktischen Schnellstart gerüstet.

1.1 Steckboard

Statt die Bauteile auf eine Platine mit Kupferbahnen zu löten, wird hier ein einfacherer und schnellerer Weg beschritten: Die Bauteile werden mit den Anschlussdrähten in die Kontakte eines Steckboards gesteckt. Die Kontakte des Boards sind in regelmäßigem Muster intern miteinander verbunden. So wird die Verbindung zwischen den Bauteilen ganz einfach hergestellt. Nach dem Experiment können die Bauteile problemlos entfernt werden und stehen dann für eine neue Schaltung zur Verfügung.

In Bild 1.1 sehen Sie das Steckboard. Eingezeichnet sind schwarze Linien, die zeigen, wie die Kontakte intern verdrahtet sind. Die Reihen X und Y (ganz oben und ganz unten) werden zur Stromversorgung verwendet. In allen Schaltungen dieses Lernpa-

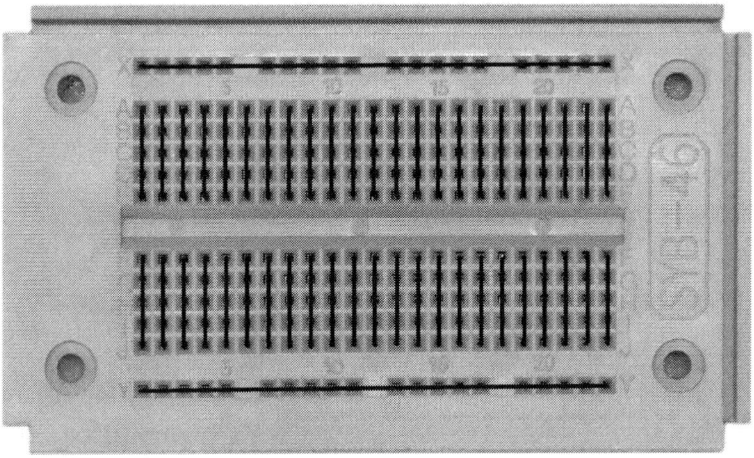

Bild 1.1: Kontaktbelegung Steckboard

kets ist X mit dem Pluspol und Y mit dem Minuspol der Batterie verbunden. Die Spalten 1 bis 23 werden für die Bauteilverdrahtung benutzt. Achten Sie darauf, dass die freien Drahtenden der Bauteile und Anschlussdrähte frei von Fett oder sonstigen Verschmutzungen sind. Benutzen Sie gegebenenfalls eine Pinzette, um die Anschlüsse senkrecht in die Kontaktöffnungen zu führen. Erst wenn Sie spüren, dass die Kontaktfedern im Steckboard greifen, ist ein sicherer Kontakt hergestellt.

Die Kontaktgabe des Boards ist sehr gut. Sie können damit auch jederzeit eigene Schaltungsideen schnell und unkompliziert ausprobieren. Erst wenn anschließend ein dauerhaft verwendetes Gerät daraus werden soll, lohnt es sich, eine Platine herzustellen, auf der die Bauteile durch Löten einen festen Halt bekommen.

Steckboard: 1x Steckboard SYB-46

1.2 Transistoren

Transistoren bieten die Möglichkeit, mit einem kleinen Basisstrom einen erheblich größeren Kollektorstrom zu steuern. Das beruht auf der verstärkenden Wirkung dieses Bauteils. Sie benötigen zwei bipolare Transistoren (2x NPN). Beachten Sie unbedingt den korrekten Anschluss von Basis, Emitter und Kollektor, andernfalls kann der Transistor sofort beim Anschließen der Batterie zerstört werden.

Bild 1.2 zeigt das Bauteil mit der Anschlussbezeichnung. In Bild 1.3 finden Sie das Schaltungssymbol für den NPN-Transistor 2N3904.

Bild 1.2: Transistor mit Anschlussbelegung

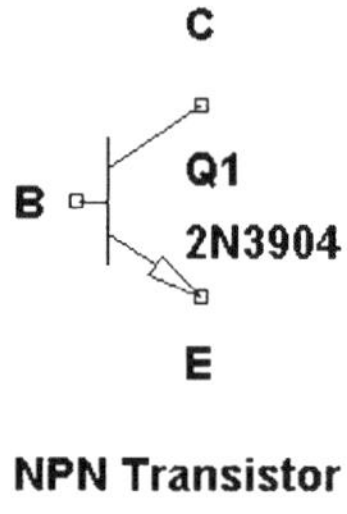

Bild 1.3: Schaltplansymbol NPN-Transistor

Verwendete Transistoren: 2x 2N3904

1.3 Dioden

Dioden lassen Strom nur in einer Richtung durch. Sie werden deshalb u. a. zum Gleichrichten von Wechselspannung und zur Abblockung unerwünschter Polarität bei Gleichspannung eingesetzt. In Durchlassrichtung beginnt bei einer Siliziumdiode erst ab einer Spannung von etwa 0,6 V (*Schwellenspannung* genannt) nennenswert Strom zu fließen.

Bild 1.4 zeigt das Bauteil mit der Anschlussbezeichnung, das Schaltungssymbol sehen Sie in Bild 1.5. Bei der Entzifferung der Aufschrift (Bezeichnung im Klartext) kann gegebenenfalls eine Lupe hilfreich sein.

Bild 1.4: Diode mit Anschlussbelegung

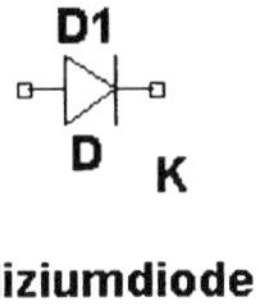

Bild 1.5: Schaltplansymbol Si-Diode

Diode: 1x 1N4148 Siliziumdiode

1.4 LED

Leuchtdioden gibt es in verschiedenen Ausführungen. Hier dienen sie der Pegelanzeige (Strom ein, Strom aus). Sie verhalten sich im Prinzip wie normale Dioden, die Durchlassspannung hängt von der Farbe ab. Rote LEDs leuchten ab etwa 1,8 V, grüne LEDs ab etwa 3 V.

Bild 1.6 zeigt das Bauteil mit der Anschlussbezeichnung, das Schaltungssymbol zeigt Bild 1.7.

Bild 1.6: LED mit Anschlussbelegung

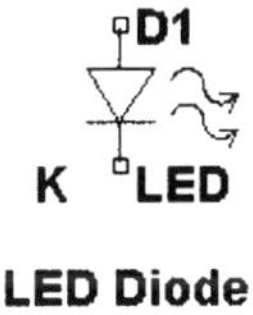

Bild 1.7: Schaltplansymbol LED

Diode: 1x LED grün

1.5 Piezohörer

Ein flaches Keramikplättchen trägt auf beiden Seiten Metallelektroden. Elektrische Spannung auf diesen Elektroden verformt das Keramikplättchen, diese Bewegung teilt sich der umgebenden Luft mit, Schallwellen werden ausgesandt. Vorteil dieses einfachen Schallwandlers ist die hohe Impedanz (Größenordnung 1 kΩ bis 10 kΩ). Allerdings kann der Piezohörer nur als Notbehelf gelten. Wenn Sie wirklich hören wollen, was Ihre Schaltung leistet, schließen Sie den Ausgang am besten an den Line-in-Eingang des PCs oder an Ihre Hi-Fi-Anlage an.

Bild 1.8 zeigt das Bauteil.

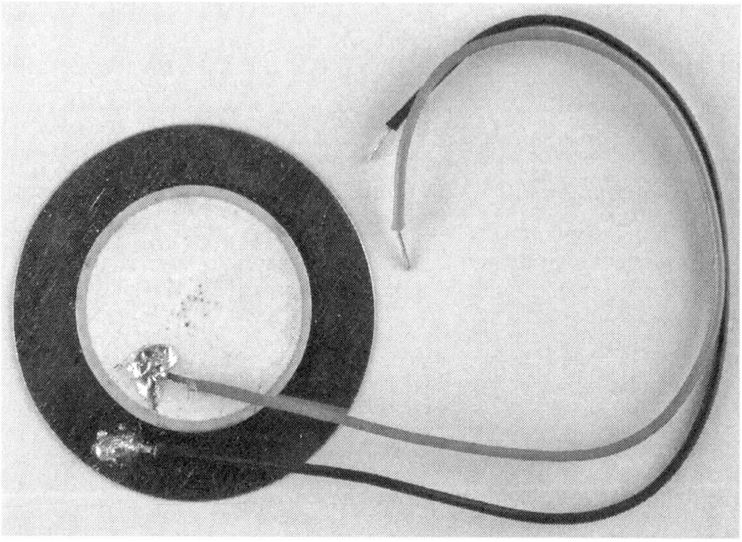

Bild 1.8: Piezohörer

Piezohörer: 1x Piezoelement 27 mm

1.6 Widerstände

Widerstände dienen der Pegelabschwächung und der Einstellung geeigneter Gleichspannungsarbeitspunkte. Bei gegebenem Strom kann der gewünschte Spannungsabfall durch Wahl des Widerstandswerts (ohmsches Gesetz) herbeigeführt werden.

Der Wert des Widerstands wird nicht im Klartext aufgebracht, sondern mittels farbiger Ringe codiert. Präzisionswiderstände (Toleranz zwischen 0,5 % und 2 %) besitzen 5 Farbringe.

Bild 1.9 zeigt das Bauteil mit der Anordnung der fünf Farbringe. In Bild 1.10 ist das Schaltungssymbol zu sehen.

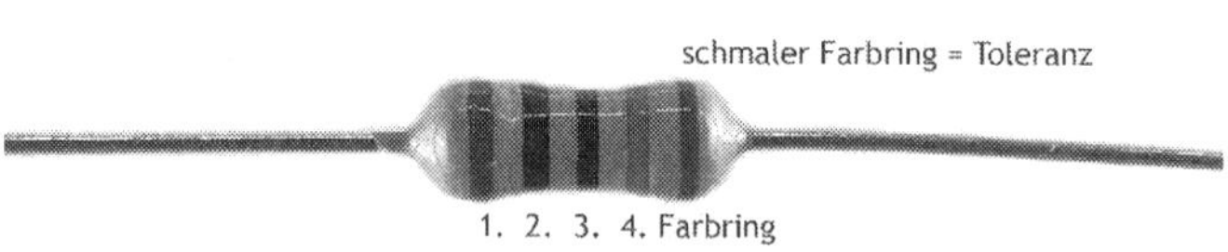

Bild 1.9: Widerstand mit 5 Farbringen

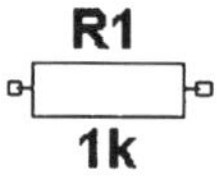

Bild 1.10: Schaltplansymbol Widerstand

Die ersten vier Farbringe geben den Widerstandswert entsprechend nachstehender Tabelle an. Der fünfte (schmalere) Farbring steht für die Toleranz.

Tabelle Farbcode für Widerstände mit 5 Farbringen

Farbe	1. Ring = 1. Ziffer	2. Ring = 2. Ziffer	3. Ring = 3. Ziffer	4. Ring = Multiplikator	5. Ring = Toleranz
Schwarz		0	0	1	
Braun	1	1	1	10	1 %
Rot	2	2	2	100	2 %
Orange	3	3	3	1.000	
Gelb	4	4	4	10.000	
Grün	5	5	5	100.000	0,5 %
Blau	6	6	6	1.000.000	
Violett	7	7	7	10.000.000	
Grau	8	8	8		
Weiß	9	9	9		
Gold				0,1	5 %
Silber				0,01	10 %

Beispiel für einen Widerstand mit 22 kΩ:

1. Farbring: Rot
2. Farbring: Rot
3. Farbring: Schwarz
4. Farbring: Rot
5. Farbring: Braun

Wir verwenden für die Schaltungen Widerstände mit 5 % Toleranz. Bild 1.11 zeigt das Bauteil mit der Anordnung der vier Farbringe.

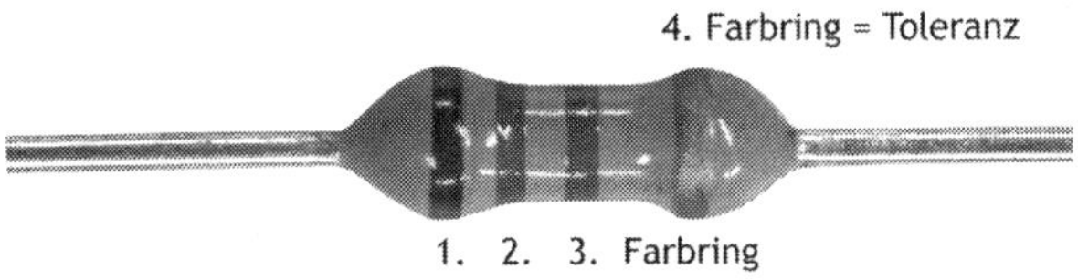

Bild 1.11: Widerstand mit 4 Farbringen

Die ersten drei Farbringe geben den Widerstandswert entsprechend der folgenden Tabelle an. Der vierte (etwas abgesetzte) Farbring steht für die Toleranz.

Beispiel für einen Widerstand mit 1,2 kΩ:

1. Farbring: Braun
2. Farbring: Rot
3. Farbring: Rot
4. Farbring: Silber

Tabelle Farbcode für Widerstände mit 4 Farbringen

Farbe	1. Ring = 1. Ziffer	2. Ring = 2. Ziffer	3. Ring = Multiplikator	4. Ring = Toleranz
Schwarz		0	1	
Braun	1	1	10	
Rot	2	2	100	
Orange	3	3	1.000	
Gelb	4	4	10.000	
Grün	5	5	100.000	
Blau	6	6	1.000.000	
Violett	7	7	10.000.000	
Grau	8	8		
Weiß	9	9		
Gold			0,1	5 %
Silber			0,01	10 %

Entsprechend der Fertigungstoleranz werden die Widerstandswerte nach sogenannten Toleranztabellen produziert. Üblich sind Toleranzwerte von 10 % und 5 %. Diese Widerstände werden als Kohleschichttypen zu niedrigen Preisen mit Werten zwischen 1 Ω und 22 MΩ angeboten. Weniger Rauschen und bessere Genauigkeiten (1 % und 0,5 %) weisen Metallschichtwiderstände auf.

Widerstandstabelle für Normwerte mit 10 % Toleranz = *E-12*-Reihe

10	12	15	18	22	27	33	39	47	56	68	82

Widerstandstabelle für Normwerte mit 5 % Toleranz = *E-24*-Reihe

10	11	12	13	15	16	18	20	22	24	27	30
33	36	39	43	47	51	56	62	68	75	82	91

Widerstandstabelle für Normwerte mit 1 % Toleranz = *E-96*-Reihe

10,0	10,2	10,5	10,7	11,0	11,3	11,5	11,8	12,1	12,4	12,7	13,0
13,3	13,7	14,0	14,3	14,7	15,0	15,4	15,8	16,2	16,5	16,9	17,4
17,8	18,2	18,7	19,1	19,6	20,0	20,5	21,0	21,5	22,1	22,6	23,1
23,7	24,3	24,9	25,5	26,1	26,7	27,4	28,0	28,7	29,4	30,1	30,9
31,6	32,4	33,2	34,0	34,8	35,7	36,5	37,4	38,3	39,2	40,2	41,2
42,2	43,2	44,2	45,3	46,4	47,5	48,7	49,9	51,1	52,3	53,6	54,9
56,2	57,6	59,0	60,4	61,9	63,4	64,9	66,5	68,1	69,8	71,5	73,2
75,0	76,8	78,7	80,6	82,5	84,5	86,6	88,7	90,9	93,1	95,3	97,6

Zusätzlich gibt es bei 1-%-Widerständen auch die „geraden“ Widerstandswerte, wie z. B. 22,0 kΩ, und nicht nur 22,1 kΩ.

Verwendete Widerstände:

1x 1,2 Ω, 1 W
1x 12 Ω, ½ W
1x 47 Ω, 1/10 W
1x 120 Ω, 1/10 W
3x 1 kΩ, 1/10 W
2x 1,2 kΩ, 1/10 W
1x 2,2 kΩ, 1/10 W
1x 10 kΩ, 1/10 W
1x 22 kΩ, 1/10 W
1x 47 kΩ, 1/10 W
1x 68 kΩ, 1/10 W
2x 470 kΩ, 1/10 W

1.7 Kondensatoren

Je nach Kapazität und Anwendungsbereich sind Kondensatoren unterschiedlich aufgebaut. Für HF geeignete Kondensatoren haben Werte zwischen 1 pF und 100 nF. Sie sind als Keramikkondensatoren meist in Scheibenform erhältlich. Bild 1.12 zeigt einen Keramikkondensator. Das Schaltbildsymbol finden Sie in Bild 1.13.

Bild 1.12: Keramikkondensator

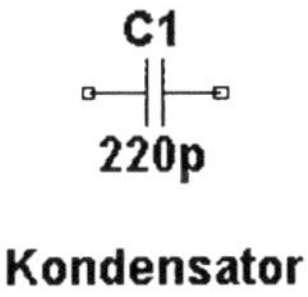

Bild 1.13: Schaltplansymbol Kondensator

Der Wert des Keramikkondensators wird in drei Ziffern nach folgendem Verfahren verschlüsselt:

1. Zahl = erste Ziffer
2. Zahl = zweite Ziffer
3. Zahl = Multiplikator

Beispiele:
Aufdruck = 221 entspricht 220 pF
Aufdruck = 104 entspricht 100 nF

Im NF-Bereich werden höhere Kapazitätswerte benötigt, die nicht mehr als Keramikkondensator zur Verfügung stehen. Es werden Elektrolytkondensatoren eingesetzt. Diese sind polarisiert, der Pluspol muss jeweils am höheren positiven Potenzial angeschlossen werden. Außerdem sind sie jeweils für einen maximalen Spannungswert

Bild 1.14: Elektrolytkondensator mit Anschlussbelegung

ausgelegt. Dieser Wert ist aufgedruckt und darf nicht überschritten werden. Bild 1.14 zeigt einen Elektrolytkondensator.

Beachten Sie bitte beim Aufbau der realen Schaltungen die Polarität und den maximal zulässigen Spannungswert beim Einsatz von Elektrolytkondensatoren.

Verwendete Kondensatoren:
2x 4,7 nF, 30 V
1x 33 nF, 30 V
3x 100 nF, 30 V
2x 1 µF, 16 V
1x 10 µF, 16 V

1.8 Batterieanschluss

Mit dem beiliegenden Batterieanschluss (Clip) wird die 9-V-Batterie an die reale Schaltung angeschlossen. Bild 1.15 zeigt den Batterieanschluss. Beachten Sie bitte die angegebene Farbcodierung für die Polarität der Spannung.

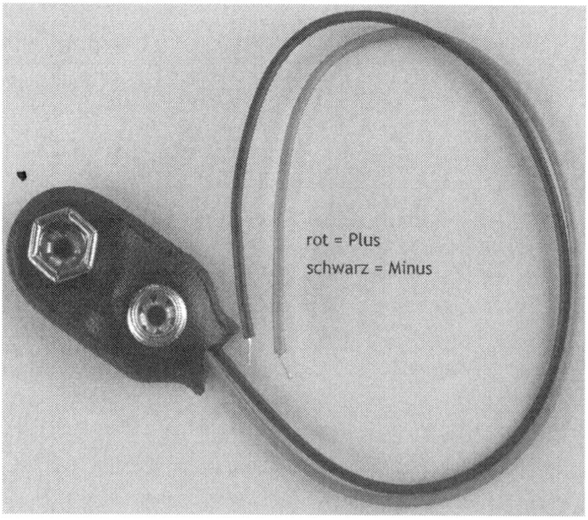

Bild 1.15: 9-V-Batterie-Anschlussclip mit Polarität

Batterieanschluss: 1x Clip für 9-V-Batterie

1.9 Schaltdraht

Zur Herstellung der Verbindungen auf dem Steckboard wird der abgebildete Schaltdraht verwendet (Bild 1.16). Entfernen Sie die Kunststoffisolierung an den Enden mit einem Taschenmesser oder einer Abisolierzange auf etwa 5 mm Länge. Abgeschnitten wird der Draht mit einem kleinen Seitenschneider.

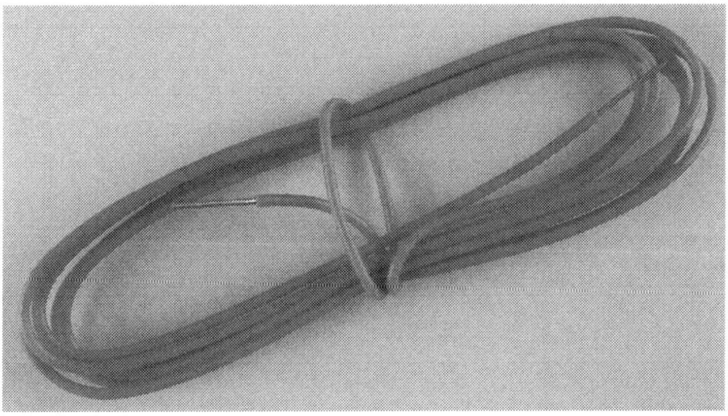

Bild 1.16: Schaltdraht

Verwendeter Schaltdraht: 1 m Schaltdraht kunststoffisoliert

1.10 Bezugsquellen

Unter anderem liefern folgende Firmen alle gängigen Elektronikbauteile auch in kleinen Stückzahlen (ab Einzelstück) an Privatpersonen:

www.conrad.de
www.reichelt.de
www.pollin.de

2 Stromversorgung

Die Stromversorgung steht nicht zu unrecht an erster Stelle. Sie ist überproportional oft von Fehlern betroffen. In der Regel stehen dort die höchsten im Gerät vorkommenden Spannungen an und fließen dort die höchsten Ströme. Kein anderes Bauteil im Gerät muss so viel Leistung verkraften wie einzelne Bauteile des Netzteils.

Das macht ein Eingreifen an dieser Stelle auch so gefährlich. Nehmen Sie Abstand von diesen Schaltungsteilen, wenn Sie nicht über ausreichende Kenntnisse im Umgang mit hohen Spannungen verfügen. Häufig werden einzelne Bauteile im Netzteil auch sehr heiß.

Ansonsten beginnt eine systematische Fehlersuche immer damit, die Betriebsspannung(en) zu überprüfen. Im Normalfall wird eine elektronische Schaltung mit Gleichspannung betrieben. Heizschlangen, Glühlampen oder Energiesparlampen, Motoren (Pumpen, Lüfter usw.) und spezielle Relais hingegen geben sich mit Wechselspannung zufrieden.

Bevor Sie mit der Überprüfung des Netzteils beginnen, schalten Sie einen Trenntransformator zwischen Gerät und Netz! Damit wirkt die gefährlich hohe Netzspannung nicht mehr gegen Erde.

Manchmal ist ein am Netz betriebenes Gerät primärseitig abgesichert. Dann ist zu überprüfen, ob die Netzspannung auch wirklich zum Geräteschalter und von dort zum Netztrafo oder Schaltnetzteil gelangt. Bild 2.1 zeigt die Prinzipschaltung. Bei guten Geräten gelangt die Netzspannung vom Netzstecker erst zum geräteinternen Geräteschalter, von dort zur Primärsicherung (Feinsicherung) und dann zum Netzteil. Moderne (nicht so gute) Geräte sind so konstruiert, dass das Netzteil immer mit der Netzspannung versorgt wird, solange der Netzstecker in einer Netzdose steckt, unabhängig davon, ob das zugehörige Gerät eingeschaltet ist oder nicht. So wird ständig elektrische Energie verbraucht – auch bei ausgeschaltetem Gerät. Der Geräteschalter trennt in diesem Fall nur den Gleichspannungsausgang des Netzteils von einem Teil der elektronischen Schaltung. Ein kleiner Teil der Schaltung wird ständig mit Strom versorgt, sodass das Gerät mittels Fernsteuerung ein- und ausgeschaltet werden kann. Fehlt die Primärsicherung, gibt es meist eine sekundäre Absicherung. Dabei sorgt eine Feinsicherung dafür, dass der maximal zulässige Gleichstrom nicht überschritten werden kann.

Bild 2.2 zeigt einen einfachen Trenntransformator. Mehr Möglichkeiten bietet ein regelbarer Trenntransformator (Bild 2.3). Damit kann die Netzspannung, die zum Gerät gelangt, langsam hochgedreht werden. Bei schwerwiegenden Fehlern im Gerät, die eine zu hohe Stromaufnahme bewirken, kann so die thermische Zerstörung von Bauteilen schon beim Einschalten verhindert werden.

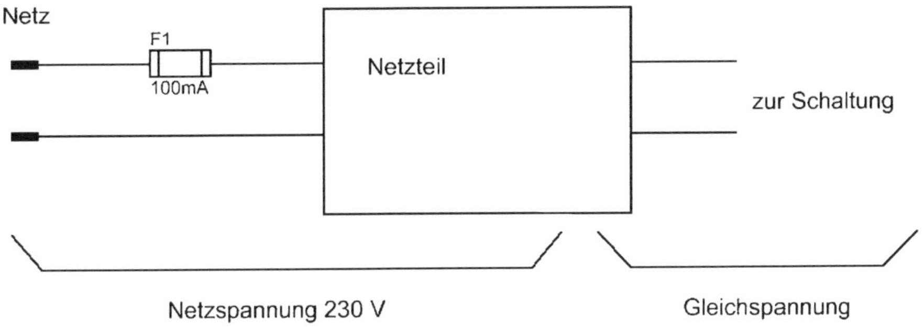

Bild 2.1: Prinzipschaltung eines Netzteils

Bild 2.2: Einfacher Netztrenntransformator

Die ersten Schritte der systematischen Fehlersuche bestehen darin, zu prüfen, ob am Eingang und Ausgang des Netzteils korrekte Spannungswerte anliegen.

Überprüfen Sie also, ob die Netzspannung bei eingeschaltetem Gerät bis zum Netzteil kommt. Es gibt zahlreiche Fehlermöglichkeiten: Netzstecker, Netzkabel, Primärsicherung, Verdrahtung der Netzspannung im Gerät. Messungen sollten Sie nur mit dafür vorgesehenen Multimetern mit abgeschirmten Messleitungen vornehmen. Nehmen Sie dann das Gerät vom Netz, schließen Sie die Messleitungen an und stellen Sie den Messbereich auf 250 V Wechselspannung (oder höher) ein. Dann erst nehmen Sie das Gerät wieder ans Netz.

Als Nächstes wird überprüft, ob die benötigte(n) Gleichspannung(en) nach dem Netzteil zur Verfügung stehen. Ist der gemessene Spannungswert zu niedrig, kann das folgende Ursachen haben: Kurzschluss im Gerät (siehe nachfolgend), die Sekundärsicherung ist ausgefallen oder das Netzteil ist defekt. Ist der gemessene Spannungswert zu hoch, liegt der Fehler im Netzteil.

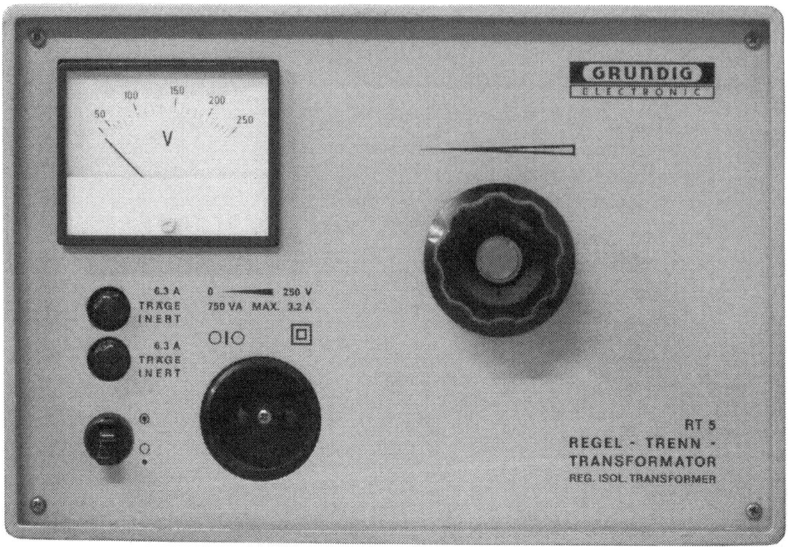

Bild 2.3: Regelbarer Netztrenntransformator

Eventuell muss der Ausgang des Netzteils von der elektronischen Schaltung abgetrennt werden. Liegt der Fehler nämlich an einem zu hohen Stromverbrauch (z. B. verursacht durch einen Kurzschluss in der Schaltung) kann die Funktion des Netzteils nur dann korrekt überprüft werden, wenn dessen Ausgang abgeklemmt ist.

Die Stromversorgung elektronischer Geräte ist (je nach Anforderungen) unterschiedlich ausgelegt. Im Folgenden werden die wesentlichen Varianten besprochen.

2.1 Experiment 1: Fehlersuche bei einfacher Stromversorgung mit Siebschaltung

Als Erstes wird ein einfaches Netzteil untersucht. Bild 2.4 zeigt das Schaltbild. Das Netzteil liefert im Normalfall 26 V bei 100 mA.

Die folgenden Experimente lassen sich sinngemäß auf einfache Netzteile mit anderen Spannungs-/Stromwerten übertragen.

Mit dem Multimeter können Spannungs- und Stromwerte einfach überprüft werden. Ist der Spannungswert zu niedrig, kann dies an einem zu hohem Stromverbrauch der elektronischen Schaltung oder an einem defekten Elektrolytkondensator liegen. Der Elektrolytkondensator kann durchschlagen und einen dauerhaften Kurzschluss verursachen (eher selten). Der gleiche Fehler kann auch in der elektronischen Schaltung auftreten. Anfällig sind unter anderem Tantalkondensatoren, die im Schadensfall einen kräftigen Kurzschluss darstellen.

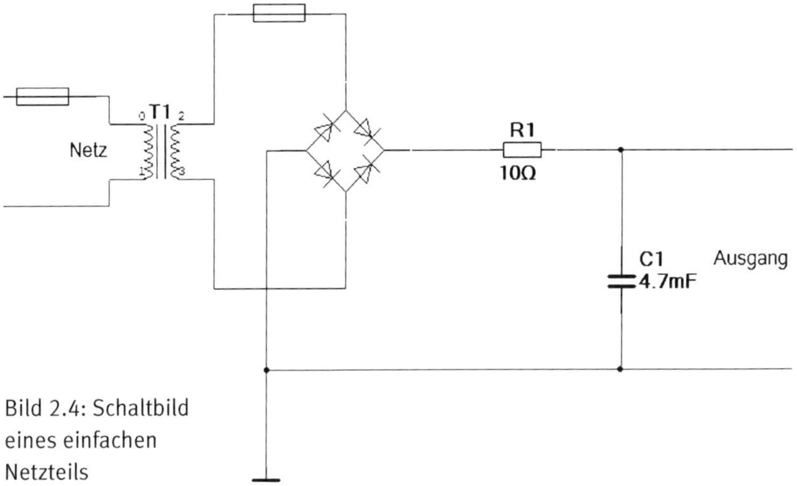

Bild 2.4: Schaltbild eines einfachen Netzteils

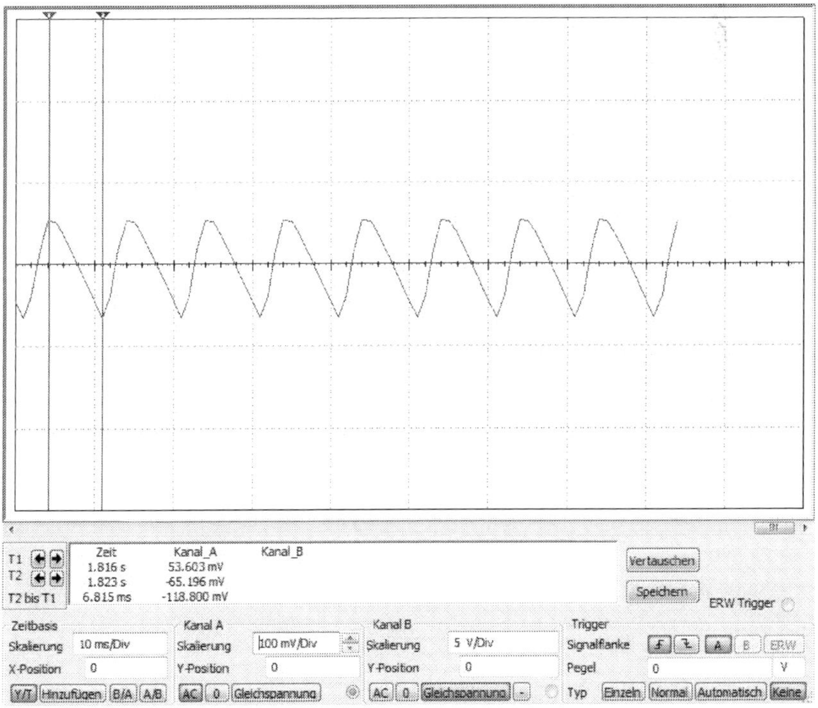

Bild 2.5: Brummspannung eines einfachen Netzteils bei normaler Belastung

Ein Oszilloskop (Bild 2.5) zeigt, dass der Gleichspannung bei normalem Betrieb eine 100-Hz-Restwechselspannung (Brummspannung) in der Größenordnung von rund 110 mVss überlagert ist.

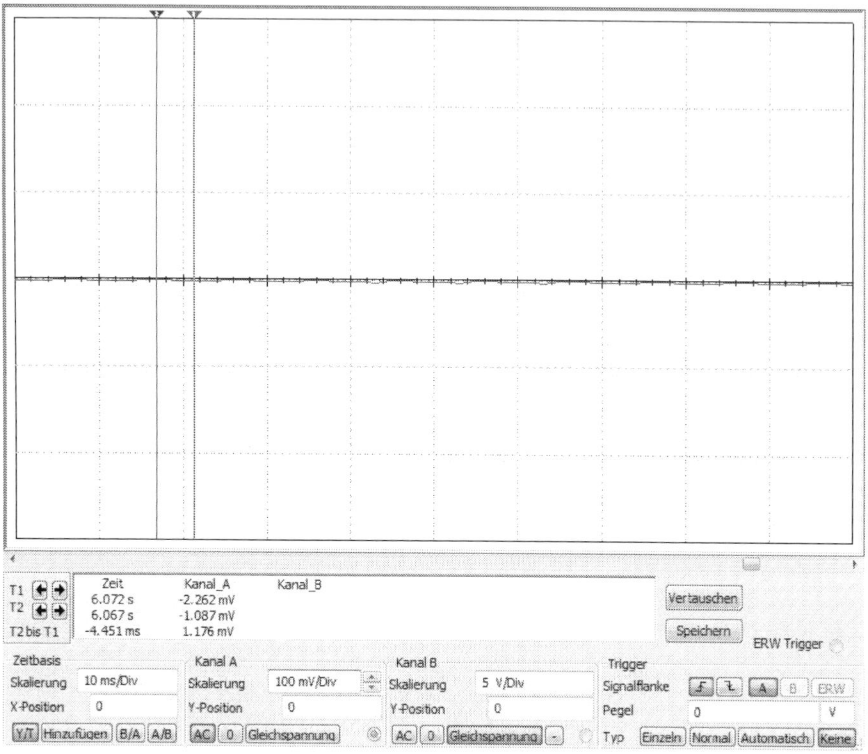

Bild 2.6: Brummspannung eines einfachen Netzteils ohne Belastung

Führt ein Fehler in der elektronischen Schaltung dazu, dass kein Strom mehr fließt, sinkt diese Restwechselspannung auf nahezu Null ab (Bild 2.6). Die Höhe der Restwechselspannung hängt bei diesem Netzteiltyp von der Höhe des Stroms ab, der dem Netzteil entnommen wird.

Bei zu hohem Strom steigt die Restwechselspannung stark an (Bild 2.7).

In seltenen Fällen (speziell bei alten Geräten) kann der Elektrolytkondensator C1 defekt sein. Tritt die Elektrolytflüssigkeit aus, geht die Kapazität stark zurück. Selbst bei normalem Stromverbrauch steigt in diesem Fall die Restwechselspannung stark an, wie Bild 2.8 zeigt.

Ein (Teil-)Kurzschluss von C1 führt zu einer zu geringen Ausgangsspannung des Netzteils.

Bei einem Kurzschluss von R1 steigt die Ausgangsspannung von 26 V auf 30 V, auch die Restwechselspannung steigt an.

Brennt dieser Widerstand durch, liefert das Netzteil am Ausgang keine Spannung mehr.

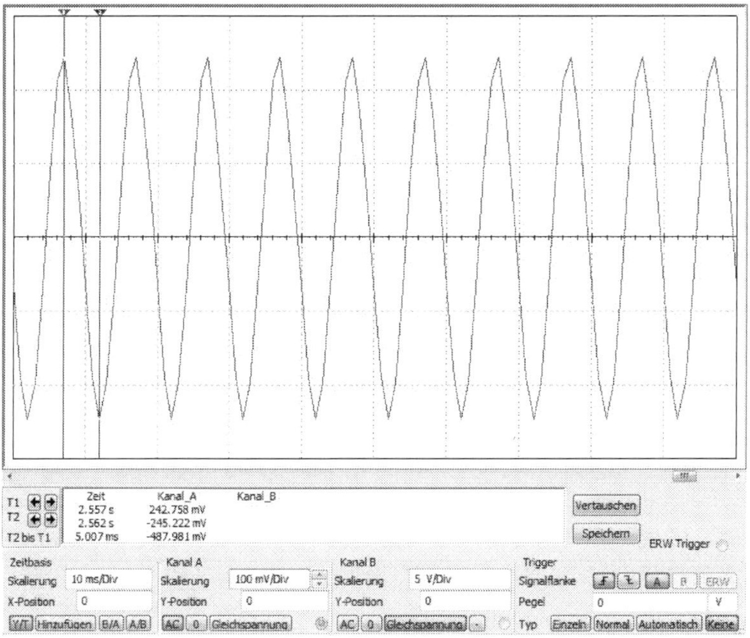

Bild 2.7: Brummspannung eines einfachen Netzteils bei zu hoher Belastung

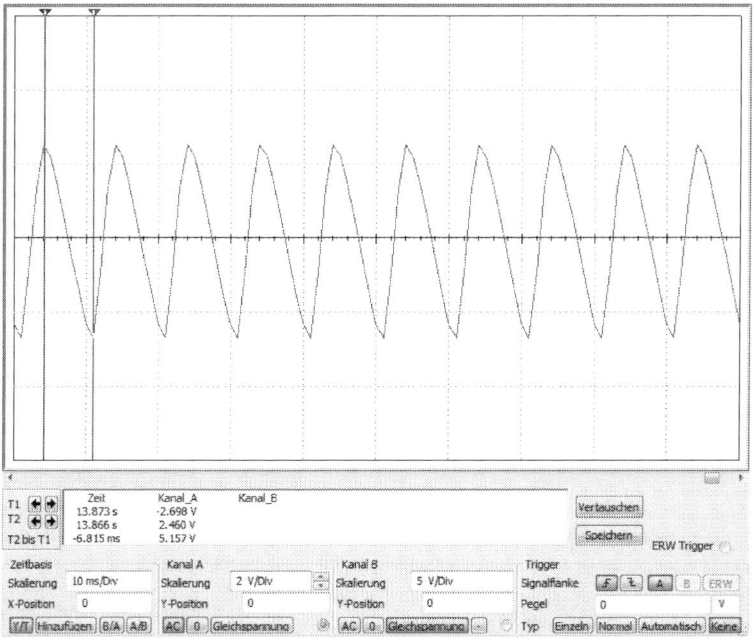

Bild 2.8: Brummspannung eines einfachen Netzteils bei defektem Elektrolytkondensator

Weniger häufig liegt ein Defekt beim Brückengleichrichter oder am Netztransformator vor. Ein defekter Brückengleichrichter liefert entweder keine Spannung mehr oder nur noch Wechsel- statt Gleichspannung.

Damit haben Sie die typischen Fehlermöglichkeiten eines einfachen Netzteils kennengelernt. Wurde das Gerät infolge eines Fehlers zu lange mit zu hohem Stromverbrauch betrieben, kann auch der Netztransformator Schaden nehmen, z. B. durch einen Kurzschluss einzelner Windungen oder infolge eines Durchbrennens auf der Primärseite.

2.2 Experiment 2: Fehlersuche bei Stromversorgung mit Zenerdiode

Das Schaltbild einer einfachen Stromversorgung mit Zener-Diodenstabilisierung zeigt Bild 2.9. Der Vorwiderstand R3 ist kritisch. Ist sein Wert zu klein, wird die Zenerdiode heiß, da ein zu großer Strom durch sie fließt. Ist der Widerstandswert zu groß, können Spannungsschwankungen nicht korrekt ausgeregelt werden.

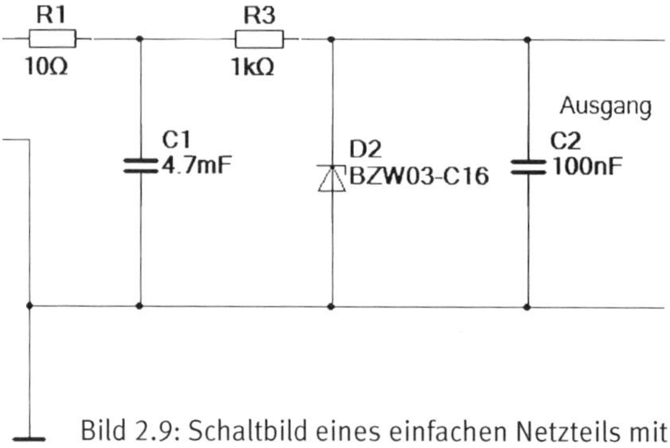

Bild 2.9: Schaltbild eines einfachen Netzteils mit Zenerdiode

Der korrekte Wert für den Vorwiderstand R3 errechnet sich folgendermaßen:

$$R_3 = \frac{U_{ein} - U_Z}{I_{\min} + I_{Z\max}}$$

R_3 Vorwiderstand

U_{ein} Spannung am Ladekondensator C1

U_Z Nennspannung der Zenerdiode

I_{min} minimaler Laststrom

I_{Zmax} maximaler Zenerdiodenstrom

Die verbleibende Restwechselspannung liegt im µV-Bereich (Bild 2.10).

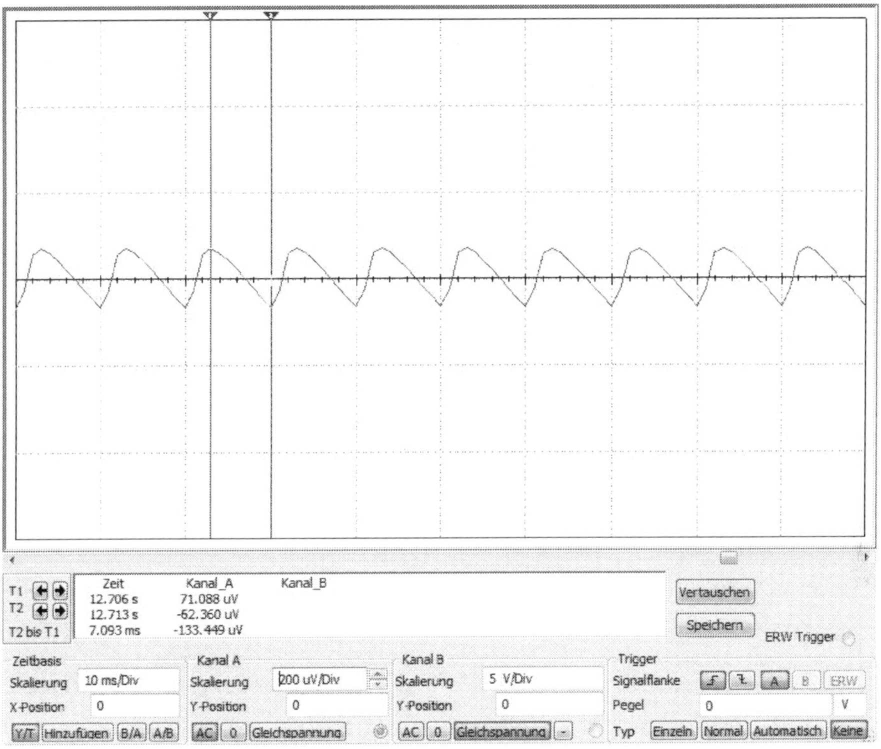

Bild 2.10: Brummspannung des Netzteils mit Zenerdiode bei normaler Belastung

Die Zenerdiode wird in Sperrrichtung betrieben. Wird sie versehentlich in Durchlassrichtung eingebaut, brennt sie entweder infolge Überlastung durch oder die Ausgangsspannung der Schaltung liefert nicht den korrekten Wert, sondern nur etwa 1 V (unstabilisiert).

Der Kondensator C2 dient dazu, das unvermeidliche Diodenrauschen der Zenerdiode auf unschädliche Werte zu mindern. Ist C2 defekt (offen), wird der Gleichspannung eine Rauschspannung überlagert (Bild 2.11).

Für das Netzteil vor der Zenerdiode gelten die im Experiment 1 gemachten Bemerkungen.

2.3 Experiment 3: Fehlersuche bei Stromversorgung mit Linearregler

Häufig werden in Netzteilen Linearregler zur Erzeugung konstanter Versorgungsspannungen eingesetzt. Sie kosten wenig und liefern zuverlässig eine sehr konstante Ausgangsspannung. Der Schaltungsaufwand ist minimal, wie Bild 2.12 zeigt.

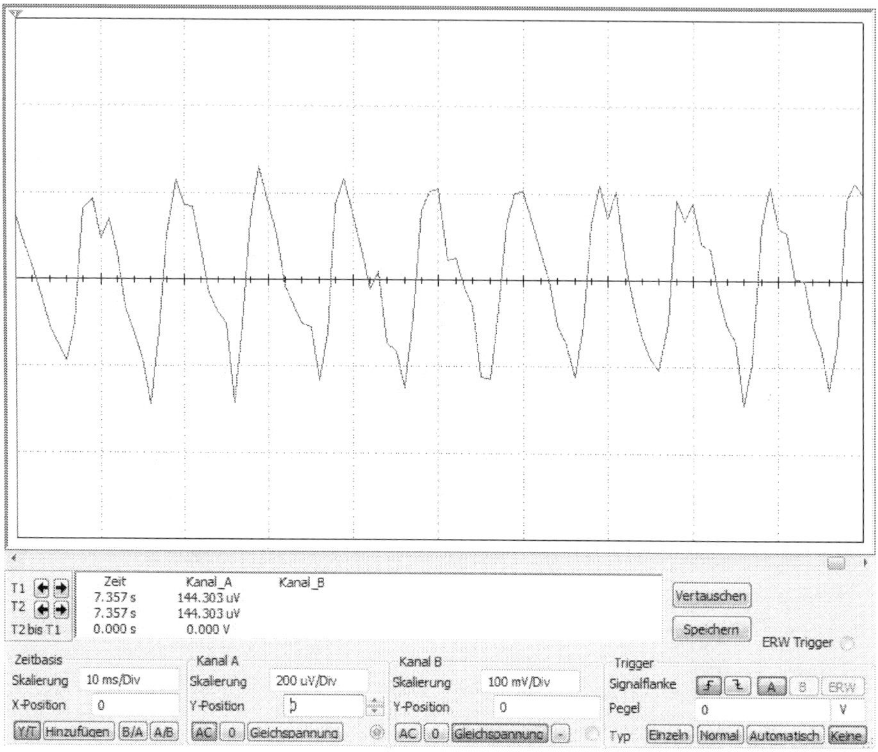

Bild 2.11: Brumm- und Rauschspannung des Netzteils mit Zenerdiode

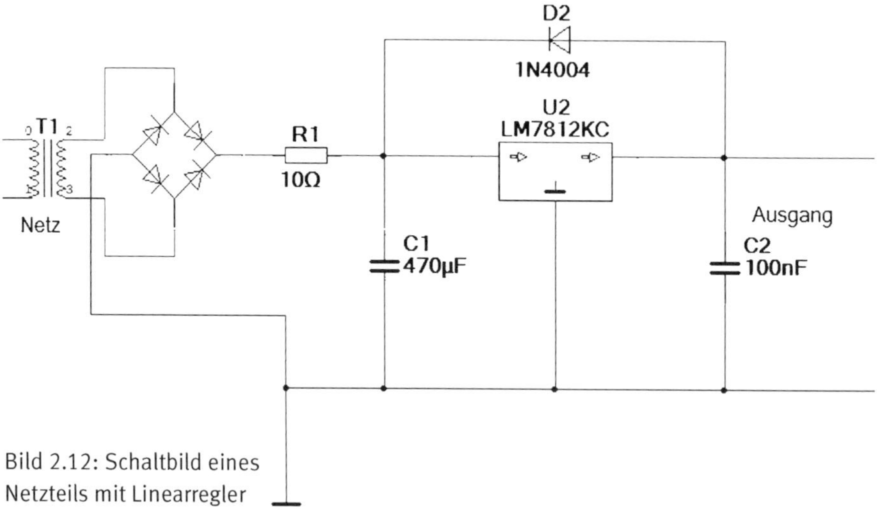

Bild 2.12: Schaltbild eines Netzteils mit Linearregler

Kondensator C2 unterdrückt Rauschspannungen am Ausgang. Häufig fehlt die Diode D2. Sie sorgt dafür, dass der Linearregler nicht zerstört wird, wenn (selbst nur kurzzeitig) am Ausgang eine auch nur geringfügig höhere (positive) Spannung auftritt als am Eingang des Reglers. Das kann z. B. passieren, wenn eine induktive Last (Spule, Relais, Motor usw.) angeschlossen ist.

Bei Nennstrom (1 A) liegt die Restwechselspannung am Ausgang im Millivoltbereich (Bild 2.13). Mit einem Ladekondensator C von 10 mF reduziert sich dieser Wert auf rund ein Zehntel (Bild 2.14). Bei noch höheren Anforderungen an die Brummfreiheit (z. B. bei Tonaderspeisung T12 für hochwertige HF-Kondensatormikrofone) muss am Ausgang eine weitere Stabilisierschaltung, am einfachsten mittels Zenerdiode, ihren Dienst verrichten. Dann sinkt die Restwechselspannung auf wenige Mikrovolt.

Ein Ladekondensator C1, der leckgeschlagen ist, führt unmittelbar zu einer stark erhöhten Restwechselspannung bei immer noch korrekter Gleichspannung am Ausgang. Hat C1 einen Kurzschluss, sinkt die Ausgangsspannung des Netzteils auf nahezu Null.

Fehlt die Schutzdiode D2 und ist die Ausgangsspannung kurzzeitig höher als die Eingangsspannung, brennt der Linearregler sofort durch. Am Ausgang erscheint dann

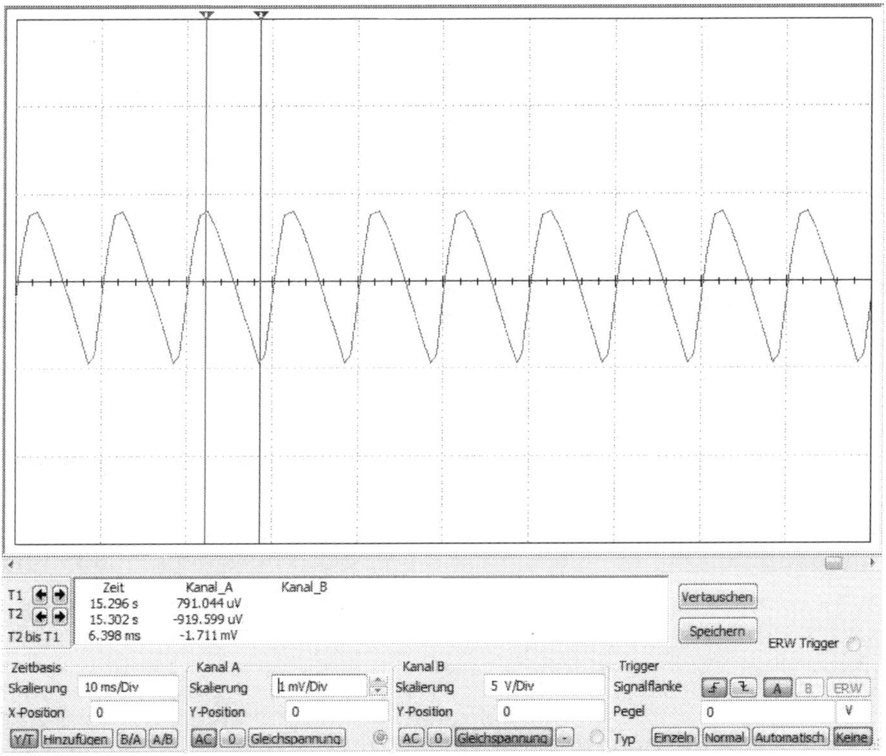

Bild 2.13: Brummspannung des Netzteils mit Linearregler bei normaler Belastung

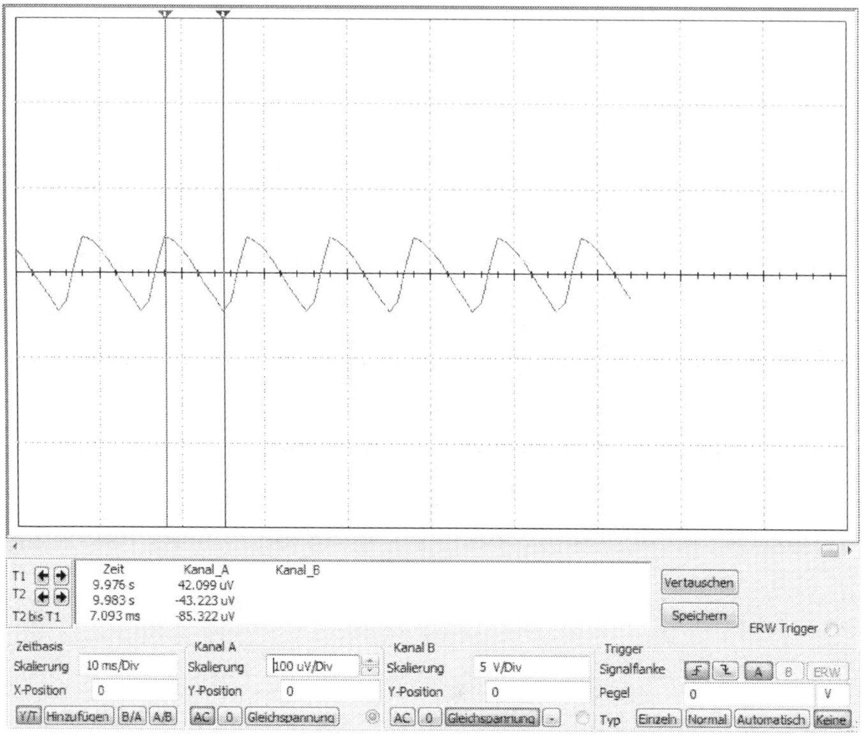

Bild 2.14: Brummspannung des Netzteils mit Linearregler bei großem Elektrolytkondensator

die deutlich höhere Spannung des Ladekondensators C1, z. B. 20 V im vorliegenden Fall.

Für das Netzteil vor dem Linearregler gelten die im Experiment 1 gemachten Bemerkungen.

2.4 Experiment 4: Fehlersuche bei Stromversorgung mit DC-DC-Wandler (Schaltnetzteil)

Schaltnetzteile sind heute Stand der Technik. Das liegt unter anderem daran, dass der Wirkungsgrad mit 90 % bis 95 % erfreulich hoch liegt. Außerdem kann am Eingang eine stark schwankende Spannung (z. B. 100 V bis 240 V) verkraftet werden. Am Ausgang steht eine stabilisierte, vom Netz isolierte Gleichspannung zur Verfügung. Bei gleicher Leistung sind Schaltnetzteile wesentlich kleiner und leichter als die bisher besprochenen Netzteile.

Im Prinzip setzt sich ein Schaltnetzteil aus folgenden Komponenten zusammen, siehe Bild 2.15. Die Netzspannung wird gleichgerichtet und anschließend mittels elektronischem Schalter in eine Rechteckspannung im Frequenzbereich 20 kHz bis 150 kHz verwandelt. An dieser Stelle liegt bereits „der Hund begraben". Dieser Wandlungsprozess erzeugt jede Menge Störspannungen bis hinein in den UKW-Bereich. Sämtliche Rundfunkbereiche sind betroffen. Nur wirklich sorgfältiges Schaltungsdesign und aufwendige Abschirmmaßnahmen sorgen dafür, dass die Störstrahlung ausreichend gedämpft wird. Infolge der gegenüber der Netzfrequenz von 50 Hz erheblich höheren Frequenz genügt anschließend ein kleiner Übertrager (hoher Güte), um die notwendige Potenzialtrennung herbeizuführen. Damit liegt der Wirkungsgrad dieses Netzteils im Vergleich zum Netzteil mit normalem (50-Hz-)Transformator deutlich höher. Anschließend wird die Spannung wieder gleichgerichtet und einem DC-DC-Wandler zugeführt. Dort wird ein elektronischer Schalter (T1) von einem Regler IC1 angesteuert. T1 schaltet den Strom durch die Induktivität L1. Durch die Induktivität entsteht beim Abschaltvorgang (kurzzeitig) ein hoher Spannungspuls. Dieser wird gleichgerichtet und dem Ladekondensator C1 zugeführt. Dieser Kondensator stellt die Ausgangsspannung zur Verfügung. Zur Konstanthaltung der Ausgangsspannung wird diese dem Regelschaltkreis IC1 zugeführt. Dort wird die Pulsbreite der Rechteckspannung (manchmal auch die Frequenz), mit der T1 angesteuert wird, geregelt, sodass bei schwankender Last oder schwankender Netzspannung die Ausgangsgleichspannung konstant bleibt.

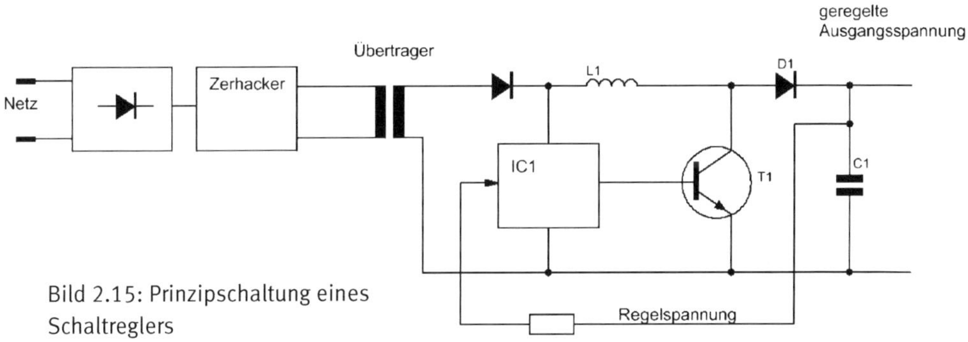

Bild 2.15: Prinzipschaltung eines Schaltreglers

Soweit das Funktionsprinzip. Bauteile (Drosseln und Kondensatoren), die dazu dienen, die erhebliche Störstrahlung vom Netz und vom Verbraucher fernzuhalten, sind hier nicht berücksichtigt.

Bild 2.16 bringt einen Schaltungsauszug mit dem wesentlichen Funktionsblock eines DC-DC-Wandlers: Induktivität L1, Schalttransistor Q1 und Ladekondensator C1. Das Ansteuerungssignal des Schalttransistors zeigt Bild 2.17. In diesem Fall handelt es sich um eine Rechteckspannung mit 50 kHz. Die Pulsweite liegt bei 2 µs, das Tastverhältnis beträgt 10:1. Das Signal an der Induktivität L1 sieht so aus, wie Bild 2.18 zeigt. Am Ausgang steht eine saubere Gleichspannung zur Verfügung, die Restwechselspannung (Bild 2.19) liegt im mV-Bereich.

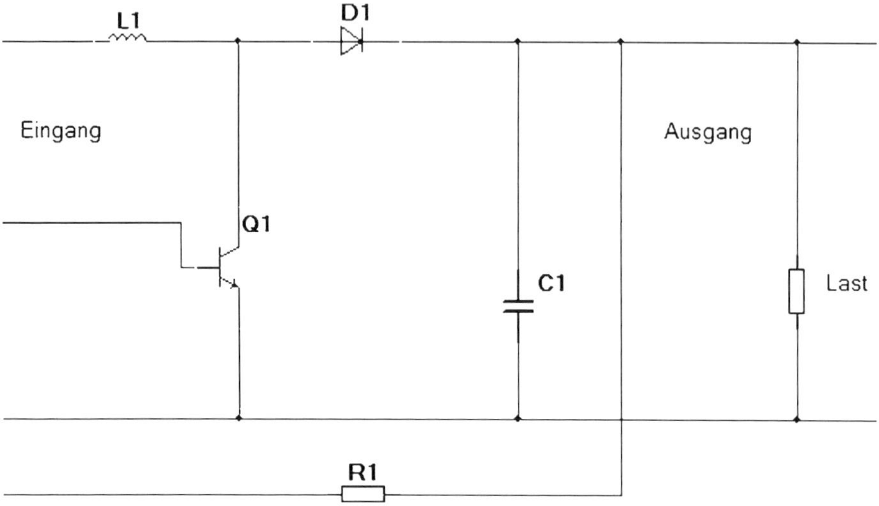

Bild 2.16: Detailschaltung eines Schaltnetzteils

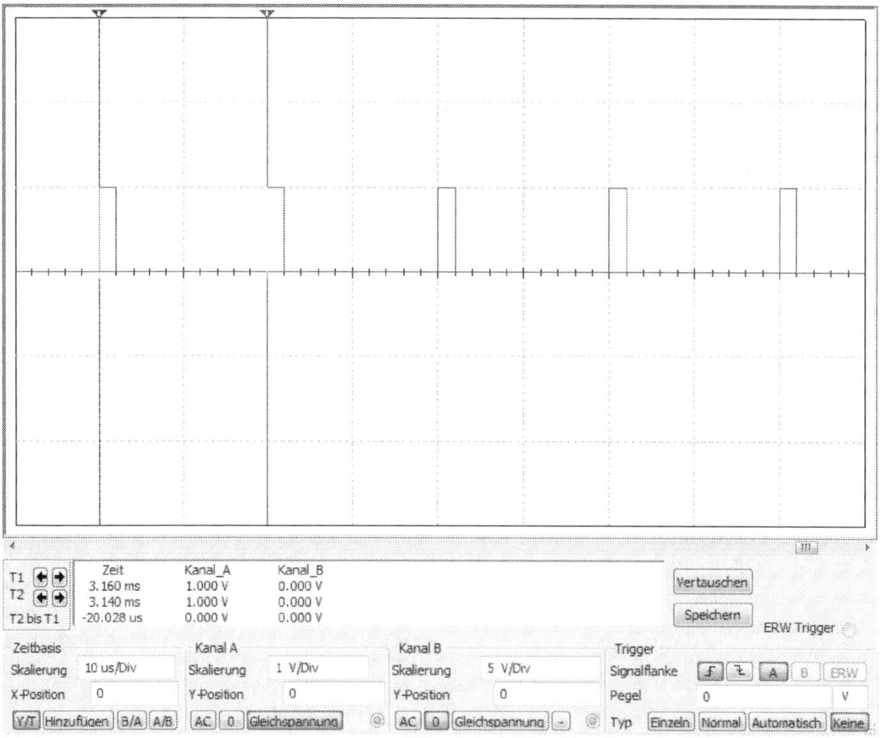

Bild 2.17: Typisches Ansteuersignal eines Schaltreglers

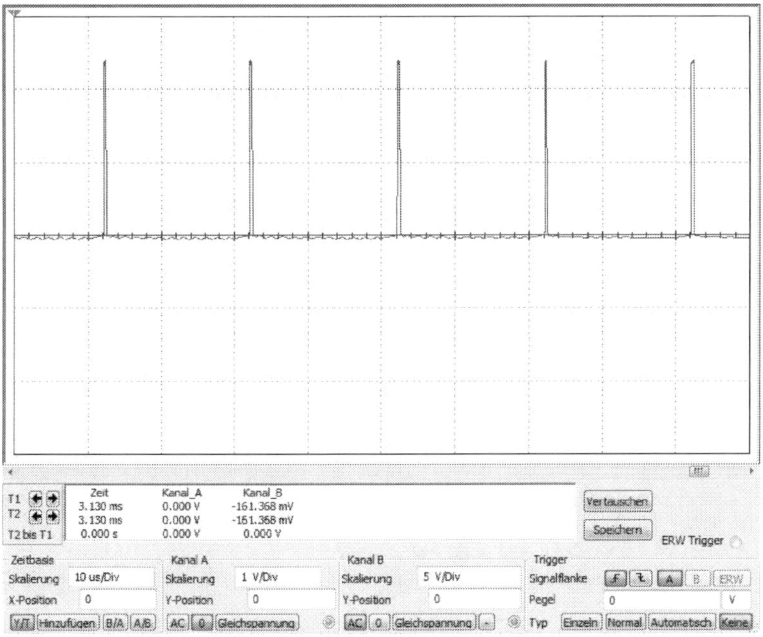

Bild 2.18: Typisches Kondensatorladesignal eines Schaltreglers

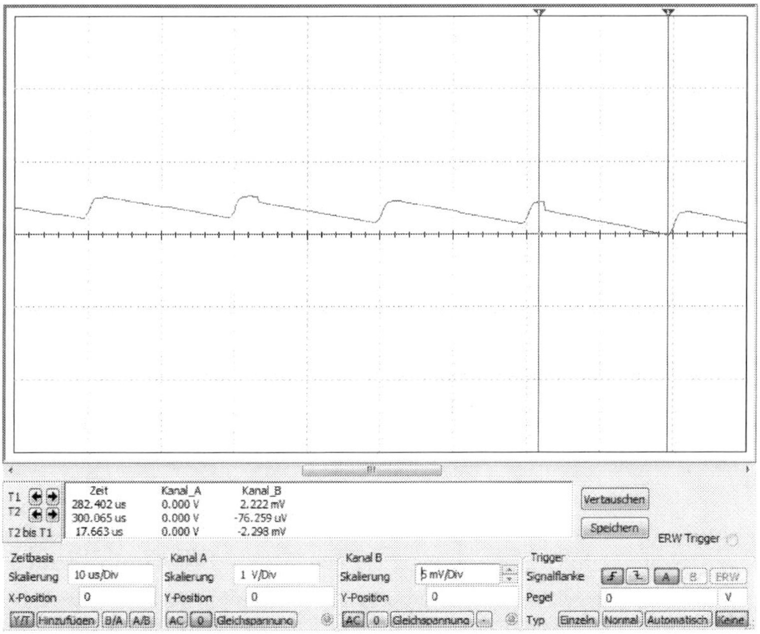

Bild 2.19: Welligkeit des Ausgangssignals eines Schaltreglers

Bei Problemen an Schaltnetzteilen prüfen Sie als Erstes, ob die Gleichspannung, die L1 zugeführt wird, in korrekter Höhe anliegt. Fehlt sie, liegt der Fehler in der vorgelagerten Schaltung. Untersuchen Sie dann den Gleichrichter, den Zerhacker sowie den Isolationsübertrager. Im Normalfall muss an der Primär- und der Sekundärseite ein annähernd sinusförmiges Signal mit einer Frequenz zwischen etwa 20 kHz und 150 kHz vorliegen. Auch starke Verzerrungen sind an dieser Stelle zulässig. Häufig finden Sie den Fehler im Zerhacker, der entweder mit diskreten Bauteilen realisiert oder als IC ausgeführt ist.

Ist die Eingangsspannung vorhanden, prüfen Sie als Nächstes, ob der Schalttransistor Q1 richtig angesteuert wird. Entweder handelt es sich um eine Rechteckspannung, deren Tastverhältnis (Pulsweite) bei konstanter Frequenz gesteuert wird, oder um eine Rechteckspannung, deren Frequenz bei gleich bleibendem Tastverhältnis (meist 1:1) gesteuert wird.

Nun müsste der Schalttransistor arbeiten und den korrekten Signalverlauf an L1 (Bild 2.18) zeigen. Falls nicht, kann dies an einem defekten Transistor Q1 oder an einem defekten Kondensator C1 liegen. In Experiment 21 lernen Sie, wie mit einem Multimeter die korrekte Funktion von Transistoren überprüft werden kann. Einen Ladekondensator mit Kurzschluss entlarven Sie mit einer Widerstandsmessung (minimaler Widerstand in beiden Polungsrichtungen). Nutzen Sie hingegen die Funktion *Kapazitätsmessung*, kann in diesem Fall kein vernünftiger Kapazitätswert gemessen werden.

Nur in seltenen Fällen liegt das Problem am Reglerschaltkreis IC1. Bei wechselnder Last muss die Ansteuerung des Schalttransistors zu veränderter Pulsbreite oder veränderter Frequenz führen.

Beim Zusammenbau eines Schaltnetzteils nach erfolgreicher Reparatur achten Sie peinlich genau darauf, alle Abschirmungen und Masseverbindungen wieder in den ursprünglichen Zustand zu versetzen. Nur so lassen sich Störspannungen im Zaum halten. Bild 2.20 zeigt das Oberwellenspektrum eines schlecht gefilterten Schaltnetzteils. Das Spektrum beginnt bei 50 kHz und bedient alle Frequenzen bis 1 MHz (rechter Displayrand).

2.5 Experiment 5: Fehlersuche bei Stromversorgung mit Batterien und Akkus

Eine mobile Gesellschaft verlangt nach mobilen Geräten. Kein Wunder also, dass viele elektronische Geräte mit Batterien oder Akkus betrieben werden. Aus Umweltschutzgründen sinnvoll ist die Verwendung von Akkus anstelle von Batterien. Allerdings sammeln sich dann im Lauf der Zeit einige Akkus im Haushalt an, und wenn sie nicht ständig im Einsatz sind, weiß man nie genau, wie viel Ladung sie noch haben und ob man sie noch bei akzeptabler Laufzeit in einem Gerät verwenden kann.

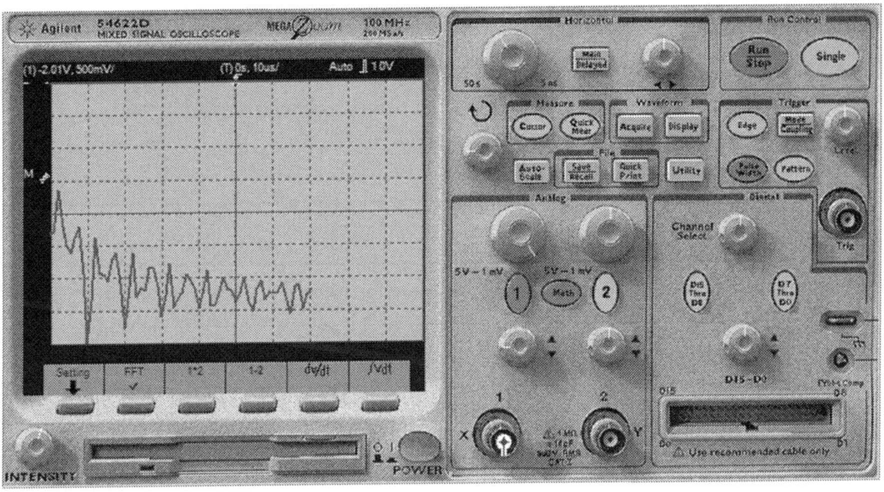

Bild 2.20: Spektraldarstellung der Ausgangswelligkeit

Antwort gibt ein geeigneter Belastungstest. Die Betonung liegt auf „geeignet“. Es gibt viele billige Akkutester, die mittels LED-Leuchtbalken den Ladungszustand eines Akkus anzeigen (Bild 2.21). Die angezeigten Werte sind allerdings nur in wenigen Einsatzfällen aussagekräftig, oft versagen die Tester kläglich.

Bild 2.21: Einfacher Akku-Ladungstester

Deshalb soll erst einmal geklärt werden, wie eine Akku- oder Batterieprüfung sinnvollerweise ablaufen sollte. Einfach nur die Leerlaufspannung des Akkus zu messen hilft nicht viel. Ist der Akku nicht tiefentladen, wird immer ein Wert angezeigt, der zwischen 1,1 und 1,3 V liegt. Trotzdem kann es sein, dass dieser Akku im gewünschten Gerät nicht einsetzbar ist. Bei Hochstromanwendung kann der Innenwiderstand der Zelle zu hoch sein. Dann erreicht die Akkuspannung unter Belastung nicht mehr den minimal benötigten Wert. Wird hingegen nur wenig Strom entnommen, kann die Spannung zusammenbrechen, weil die Restkapazität zu gering ist.

Im Normalfall sinkt die Akkuspannung bei der Entladung in etwa kontinuierlich von 1,2 V auf 1 V ab, wie Bild 2.22 zeigt. An diesem Punkt hat der Akku dann 100 % seiner Kapazität abgeliefert. Wird weiter Strom entnommen, sinkt die Akkuspannung weiter ab. Spätestens bei Werten von 0,85 V beginnt die schädliche Tiefentladung. In diesem Stadium wird die Zelle bei weiter anhaltender Stromentnahme dauerhaft geschädigt und verliert zunehmend an Kapazität. Nach erneuter Ladung kann bei diesem Akku nur mehr ein Teil der ursprünglichen Nennkapazität genutzt werden.

Vor der Prüfung eines Akkus muss deshalb erst der konkrete Einsatzfall ermittelt werden.

Als Beispiel wird ein Akku in NiCd- oder NiMH-Technologie mit 2.000 mAh Nennkapazität angenommen. Auf Akkus anderer Größe und/oder Kapazität lässt sich das Folgende dann sinngemäß übertragen.

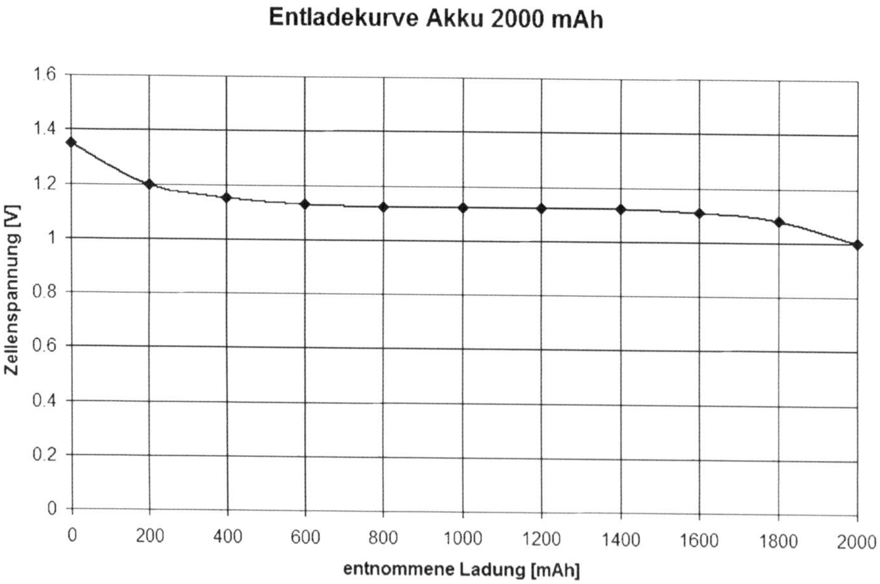

Bild 2.22: Typische Entladekurve eines Akkus

Wird dieser Akku in einem ferngesteuerten Rennauto- (RC) oder Schiffsmodell eingesetzt, liegt eine Hochstromanwendung vor. Der Stromverbrauch ist so hoch, dass die gesamte Akkukapazität in etwa 1 bis 2 Std. aufgebraucht sein wird, beträgt also 1 A bis 2 A. Diese hohe spezifische Strombelastung dämpft die Kristallbildung auf den Elektroden, damit bleibt der Akkuinnenwiderstand klein. Auch bei dieser hohen Stromabgabe bleibt deshalb der vom Innenwiderstand verursachte Spannungsabfall klein. Dafür aber steigt die Selbstentladungstendenz des Akkus an. Nach einer Vollladung verliert ein solcher Akku schon innerhalb einer Woche einen Großteil seiner Ladung. Für den Einsatz in Geräten mit geringem Stromverbrauch (z. B. 10 mA) ist dieser Akku also nicht mehr geeignet, da er durch seine hohe Selbstentladungsrate viel schneller Energie verliert als durch die eigentliche Nutzung. Einen Akku dieser Art laden Sie am besten bei einem Ladestrom von 1 A für etwas mehr als 2 Std. unmittelbar vor dem geplanten Einsatz.

Wollen Sie nun testen, ob dieser Akku noch genügend Ladung für den Einsatz enthält, brauchen Sie eine Testschaltung entsprechend Bild 2.23. Bei der Messung der Akkuspannung mit dem Multimeter sorgt ein Belastungswiderstand von 1,2 Ω dafür, dass Strom in Höhe der geplanten Anwendung entnommen wird. Messen Sie über eine Zeitspanne von etwa 1 Minute Werte größer 1,1 V, trägt der Akku noch ausreichend Ladung für den geplanten Einsatz.

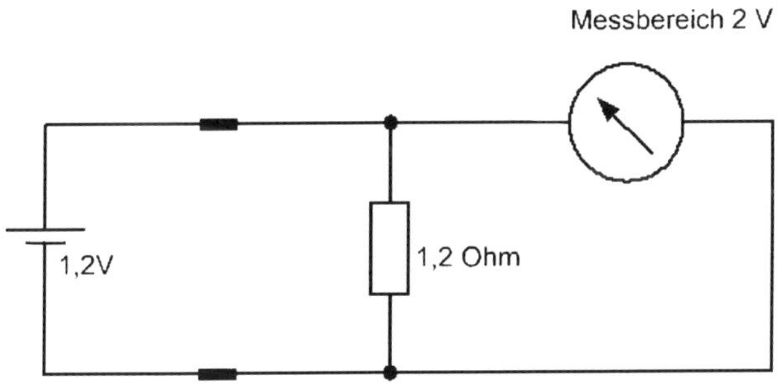

Bild 2.23: Schaltbild für einen Akkutest bei hoher Belastung

Akkus, die mit geringem (etwa 20 mA) oder mittlerem (etwa 200 mA) Stromverbrauch genutzt werden, verhalten sich anders. Zwar wird nach einigen Lade- und Entladezyklen bei geringer Strombelastung durch Kristallwachstum der Innenwiderstand größer, die Selbstentladungsrate aber bleibt erfreulich niedrig. Auch noch nach einigen Monaten Lagerzeit kann ein zuvor vollgeladener Akku noch verwendet werden. Der höhere Innenwiderstand macht sich infolge des kleineren Akkunutzstroms nicht störend bemerkbar. In einer Hochstromanwendung versagt ein solcher Akku, der höhere Innenwiderstand erzeugt bei 1 A Entladestrom einen so hohen Spannungsabfall, dass die Klemmenspannung auf Werte unter 1 V abfällt, obwohl er noch genügend Ladung besitzt.

Nutzen Sie für den Test von Akkus für geringen Stromverbrauch eine Testschaltung, wie in Bild 2.24 zu sehen. Beim Test fließen 10 mA, das Multimeter sollte über die gesamte Messzeit (etwa 1 min) einen Spannungswert von über 1,1 V zeigen. Laden Sie diesen Akku am besten mit einem Ladestrom von nicht mehr 100 mA über 24 Std. Auf diese Weise wird er bis zu 1.000 Ladezyklen und Lagerungszeiten bis zu 3 Monaten schadlos überstehen. Eine sogenannte Schnellladung würde diesem Akku nicht gut tun. Die damit verbundene Wärmeentwicklung im Akku würde die Selbstentladungsrate erhöhen, der Akku würde danach bei der Lagerung und auch während der Nutzungsdauer schnell seine Ladung verlieren. Warum gerade auch Akkuhersteller immer mehr sogenannte Schnellladegeräte anbieten, liegt auf der Hand: Akkus, die auf diese Art und Weise geladen werden, verlieren rasch ihre Ladung. Wird ein solcher Akku nicht gerade ausschließlich bei Hochstrom betrieben, bleibt dem Kunden nichts anderes übrig, als neue Akkus zu kaufen – ganz im Sinn der Akkuhersteller.

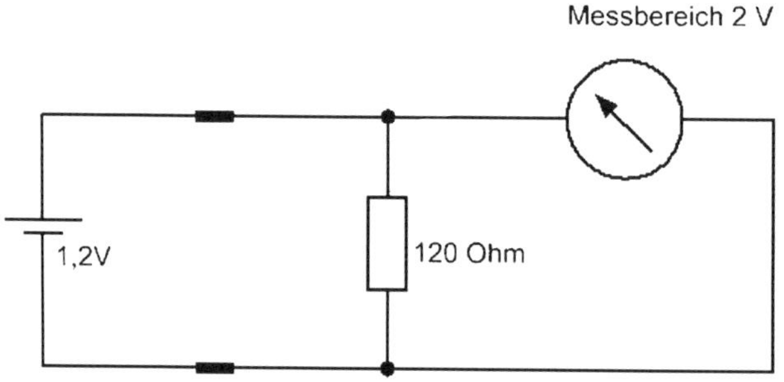

Bild 2.24: Schaltbild für einen Akkutest bei niedriger Belastung

Merkregel: Schnellladung kommt nur für Akkus infrage, die anschließend ausschließlich in Hochstromanwendungen zum Einsatz kommen.

Entsprechend verfahren Sie bei Akkus, die dort eingesetzt werden, wo mittlere Stromstärken (100 mA) gefragt sind. Der Belastungswiderstand hat in diesem Fall einen Wert von 12 Ω, ansonsten bleibt das Prozedere dasselbe. Geladen wird ein solcher Akku mit 120 mA über gut 18 Std.

Bei guten Ladegeräten können Sie den Ladestrom einstellen, am besten auf Werte zwischen 100 mA und 1 A. Über die Ladezeit müssen Sie sich keine Gedanken machen, das Gerät erkennt selbstständig den Zustand „Akku zu 100 % geladen" und schaltet dann auf Erhaltungsladung.

Wird ein Akku bei der erstmaligen Anwendung einer der drei Belastungsgruppen zugeordnet, sollte er sein ganzes Akkuleben lang dort bleiben und weder zwischendurch noch dauerhaft in einer anderen Belastungsgruppe eingesetzt werden. So nutzen Sie Ihre (teuren) Akkus optimal und erzielen in jeder Gruppe die spezifisch maximal mögliche Ladungszyklenzahl, bei Hochstromanwendung einige hundert und bei Niedrigstromanwendung etwa tausend Zyklen.

Im Lernpaket finden Sie die passenden Widerstandswerte für die beschriebenen Akku-Testschaltungen.

3 Einfache Prüfschaltungen

In vielen Fällen braucht man zum erfolgreichen Aufspüren von Fehlern in elektronischen Schaltungen neben Standardmessmitteln (Multimeter, Oszilloskop) eigentlich nur Geduld und das notwendige Know-how. Aufwendige Messsysteme sind nur im industriellen Umfeld und bei komplexen Schaltungen notwendig. Dort muss die Fehlersuchzeit minimiert und die Fehlerursache systematisch ausgewertet und als Rückkopplung in den Produktionsprozess eingeschleust werden.

Trotzdem kann auch im Hobbybereich die Fehlersuche in bestimmten Fällen erheblich vereinfacht werden, wenn einfache Prüfschaltungen zum Einsatz kommen. Einige davon werden nachfolgend vorgestellt. Sie helfen insbesondere bei der Fehlersuche in folgenden Fällen:

- NF-Verstärker
- Türsprechanlagen
- PA-Anlagen
- Lautsprecher
- Rundfunkempfänger

3.1 Experiment 6: NF-/HF-Signalinjektor selbst gebaut

Ein Signalinjektor dient als universelle Signalquelle. Der Profi verwendet dazu Messsender, die ein rein sinusförmiges Ausgangssignal mit exakt einstellbarer Frequenz und Amplitude zur Verfügung stellen. In vielen Fällen reicht es jedoch, wenn überhaupt ein Signal mit der zum Problem passenden Frequenz und nur grob einstellbarer Amplitude zur Verfügung steht. Bei systematischer Vorgehensweise ist damit ein defektes Schaltungsteil schnell aufzuspüren. Liefert der Signalinjektor ein breitbandiges Frequenzspektrum am Ausgang, können damit sowohl NF- als auch HF-Schaltungen überprüft werden.

Das klingt ganz nach einem praktischen und universell einsetzbaren Prüfmittel. Glücklicherweise ist eine solche Schaltung, im Gegensatz zu den speziellen Messsendern, auch noch sehr einfach realisierbar.

Bild 3.1 zeigt das Schaltbild des Signalinjektors. Die beiden Transistoren bilden zusammen mit der übrigen Beschaltung einen sogenannten *Multivibrator* (Rechteckgenerator). Die Frequenz liegt bei etwa 500 Hz. Das Ausgangssignal ist nicht sauber rechteckig, sondern eine Mischung aus Rechteck und Sägezahn (Bild 3.2). Das sorgt für zahlreiche Oberwellen, alle im Abstand von rund 500 Hz.

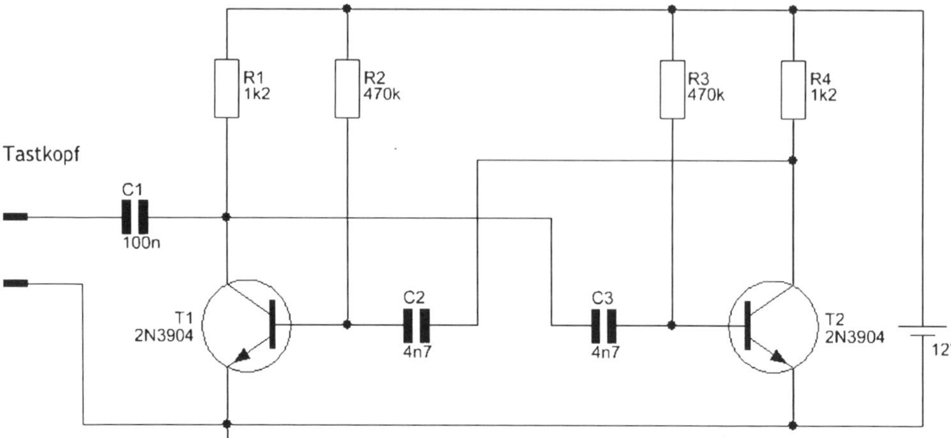

Bild 3.1: Schaltbild des Signalinjektors

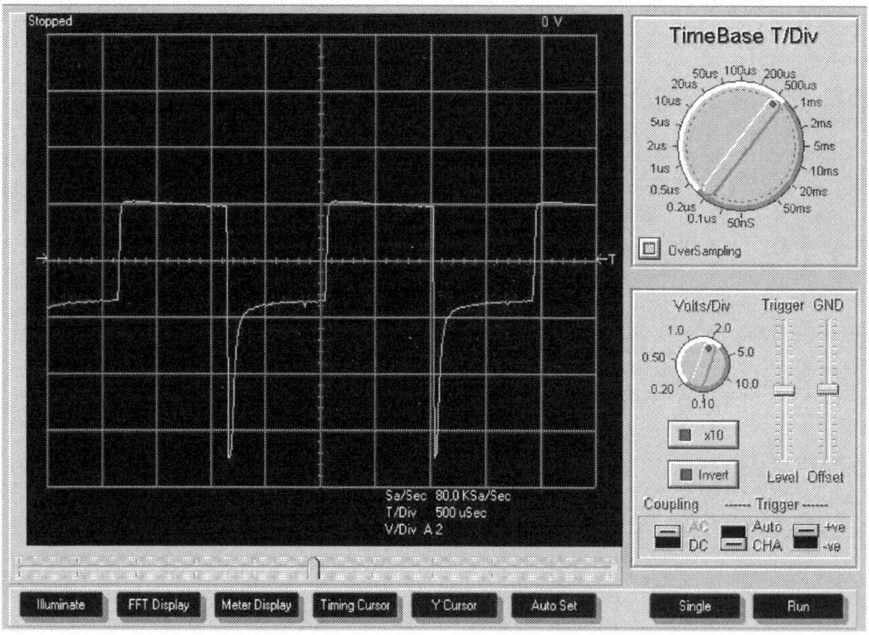

Bild 3.2: Ausgangssignal des Signalinjektors

Wird der Signalinjektor im Niederfrequenzbereich eingesetzt, ist bei Prüfungen mit dem Ohr ein charakteristisches, sägendes Geräusch zu vernehmen. Zumindest starke Einschränkungen im Bereich der Höhen sind deutlich am dumpfen Klang des Testsignals auszumachen. Ansonsten kann die Verstärkung jeder Stufe eines NF-Verstärkers schnell und problemlos überprüft werden.

Das FFT-Spektrum des Ausgangssignals (Bild 3.3) zeigt (in diesem Fall für den NF-Bereich) die in der Amplitude stetig abnehmenden zahlreichen Oberwellen. Wenn die Grundwelle mit gut 2 V erscheint (Bild 3.4), erreichen Oberwellen im HF-Bereich bis 30 MHz noch Amplituden im mV-Bereich. Damit können HF- und ZF-Stufen in Rundfunkempfängern für alle AM-Bänder (LW, MW, KW) untersucht werden.

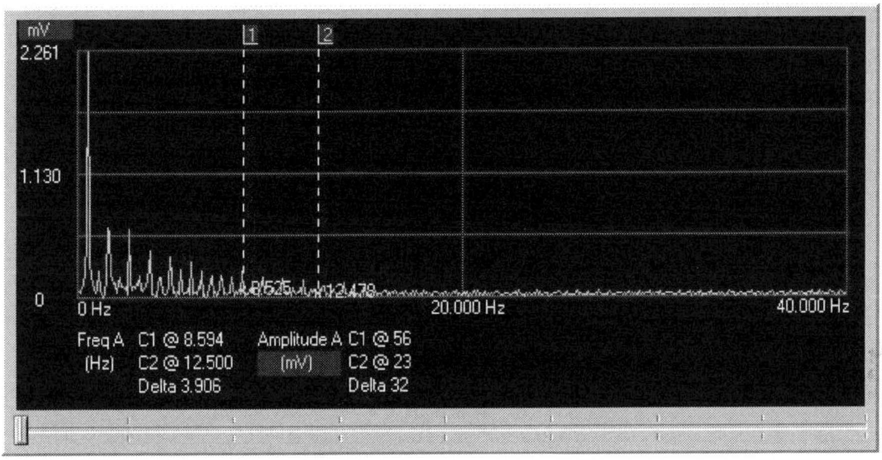

Bild 3.3: Spektraldarstellung des Ausgangssignals

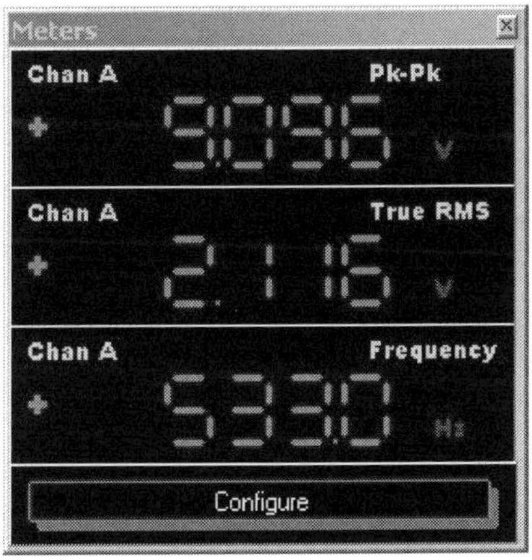

Bild 3.4: Digitale Messwerte des Ausgangssignals

Mithilfe eines Steck-Boards kann die Schaltung schnell realisiert werden. Bild 3.5 zeigt den fertig aufgebauten Signalinjektor.

Wenn Sie dauerhaft mit diesem wirklich praktischen und universell einsetzbaren Signalinjektor arbeiten wollen, lohnt es sich, die Schaltung mittels Platine dauerhaft und stabil aufzubauen und in einem kleinen Gehäuse unterzubringen. Da der Stromverbrauch bei lediglich etwa 3,5 mA liegt, lohnt sich ein eigenes Netzteil nicht, eine 9-V-

Bild 3.5: Fertig aufgebauter Signalinjektor

Batterie wird jahrelangen Betrieb klaglos überstehen. Als Messleitung eignet sich ein Oszilloskop-Tastkopf.

Der praktische Einsatz dieser Prüfschaltung wird ausführlich in den beiden anschließenden Buchabschnitten erklärt.

3.2 Experiment 7: Fehlersuche bei NF-Schaltungen

Ohne besondere Vorsichtsmaßnahmen kann das Prüfsignal bei der Untersuchung von röhrenbestückten NF-Verstärkern verwendet werden. Bei halbleiterbestückten NF-Geräten insbesondere neuerer Bauart (z. B. MP3-Player, PC-Soundkarten,

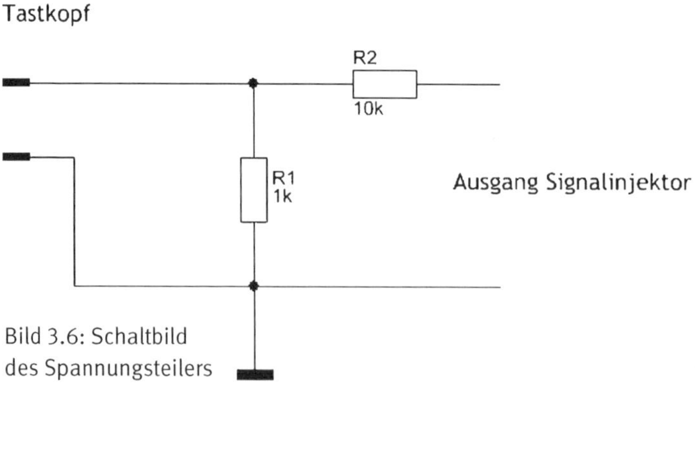

Bild 3.6: Schaltbild des Spannungsteilers

Mikro-Hi-Fi-Anlagen usw.) kann das Prüfsignal für die Eingangsstufen eventuell zu groß sein. Wird es ungedämpft angelegt, werden die Eingangstransistoren (SMD-Transistoren) zerstört. Deshalb ist in diesen Fällen am Ausgang des Signalinjektors immer ein Spannungsteiler entsprechend Bild 3.6 zu verwenden. Dieser reduziert die Ausgangsspannung des Signalinjektors um mehr als den Faktor 10. Damit können auch empfindliche NF-Eingangsstufen nicht mehr beschädigt werden. Das Frequenzspektrum bleibt dennoch voll erhalten.

3.3 Experiment 8: Fehlersuche bei Lautsprechern

Wenn Sie Lautsprecher überprüfen wollen, schicken Sie das Testsignal über einen guten NF-Verstärker zum Lautsprecher. Am Verstärker können Sie mit den Klangreglern dem Testsignal eine geeignete Klangfarbe geben:

- Höhen stark gedämpft, Tiefen stark angehoben = Grundton 500 Hz stark betont
- Tiefen stark gedämpft, Höhen stark angehoben = Oberwellen bis 20 kHz stark betont

So können grobe Fehler bereits mit dem Gehör aufgespürt werden.

3.4 Experiment 9: Fehlersuche bei HF-Schaltungen

Bei der Überprüfung von Rundfunkempfängern erzeugt das Testsignal bei der Einkopplung im HF- oder ZF-Teil ebenfalls ein charakteristisches, sägendes Geräusch im Lautsprecher. Nichtlinearitäten bei den Transistorkennlinien sorgen in diesem Fall für die benötigte AM-Modulation. Der übermächtige NF-Anteil des Testsignals wird bei dieser Untersuchung nicht benötigt. Tauschen Sie deshalb für HF-Untersuchungen den Auskopplungskondensator und verwenden Sie statt des 100-nF-Kondensators einen Kondensator mit 1 nF Kapazität. Den HF-Stufen wird dann im Wesentlichen nur HF und nicht auch noch eine verhältnismäßig große NF zugeführt.

3.5 Experiment 10: Breitbanddetektor selbst gebaut

Ein Breitbanddetektor ist quasi das Gegenstück zum Signalinjektor. Der Signalinjektor liefert ein breitbandiges Signalspektrum vom NF- bis zum HF-Bereich und der Breitbanddetektor ist in der Lage, Signale vom NF-Bereich bis zum HF-Bereich (für NF-modulierte Signale) zu verstärken und hörbar zu machen.

Beide ergänzen sich im praktischen Einsatz ideal. Liegt z. B. bei einem Empfänger der Fehler im NF-Teil, kommen Sie bei der Fehlersuche schneller voran, wenn Sie den Breitbanddetektor verwenden. Wenn Sie sich damit von der HF-Eingangsstufe schrittweise vorantasten, finden Sie schnell die Stufe, ab der das Signal nicht mehr verstärkt wird. Liegt der Fehler irgendwo im HF-Bereich, fällt die Fehlersuche leichter, wenn der Signalinjektor zum Einsatz kommt. Dann beginnen Sie bei der NF-Vorstufe und speisen das breitbandige Signal bei jeder Stufe ein. Im Nu ist damit die Stufe gefunden, bei der das Signal nicht mehr verstärkt wird. Oft kann auf diesem Weg der Fehler ohne den Einsatz teurer und komplizierter Messgeräte schnell eingekreist werden.

Das Schaltbild des Breitbanddetektors (oft auch als *Signalverfolger* bezeichnet) zeigt Bild 3.7. Zwei Transistoren in Emitterschaltung verstärken das Signal gut 1.000-fach. Damit genügt für den Nachweis im NF-Bereich bereits ein Signalpegel von 0,1 mV. Vollaussteuerung wird ab einem Eingangspegel von 0,4 mV erzielt. Da es nur um den Nachweis und nicht um Signaltreue geht, kann, unter Hinnahme kräftiger Übersteuerung, der Eingangspegel bis zu 1 V betragen – und das ohne jede Amplitudenregelung, weder manuell noch automatisch. Verstärkt werden alle Frequenzen im Bereich zwischen 100 Hz und 10 MHz. Aufgrund der gewählten Arbeitspunkteinstellung erfolgt gleichzeitig eine Demodulation amplitudenmodulierter Signale. So können auf einfache Weise auch Eingangs- und ZF-Stufen von AM-Empfängern untersucht werden. Nur bei besonders hochwertigen Empfangsteilen kann die erste Zwischenfrequenz Werte über 10 MHz annehmen. Dann kann der einfache Breitbanddetektor dort nicht mehr eingesetzt werden. Im Normalfall ist die Eingangsimpedanz groß genug, sodass die zu untersuchende Schaltung nicht unzulässig stark belastet wird. In kritischen Fällen schalten Sie einfach einen Widerstand mit dem Eingang des Breitbanddetektors in Serie. Werte zwischen 10 kΩ und 470 kΩ haben sich in der Praxis bewährt.

Im Schaltbild ist für die Wiedergabe eine Piezoscheibe vorgesehen. Wird diese nicht in einem Resonanzkörper untergebracht, ist die Empfindlichkeit nicht besonders hoch. Bei höheren Ansprüchen können Sie den Ausgang des Breitbanddetektors mit

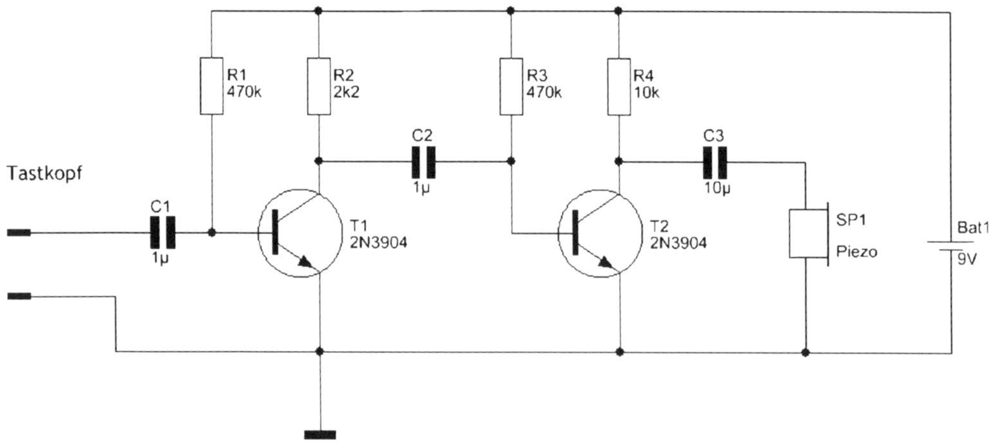

Bild 3.7: Schaltbild des Breitbanddetektors

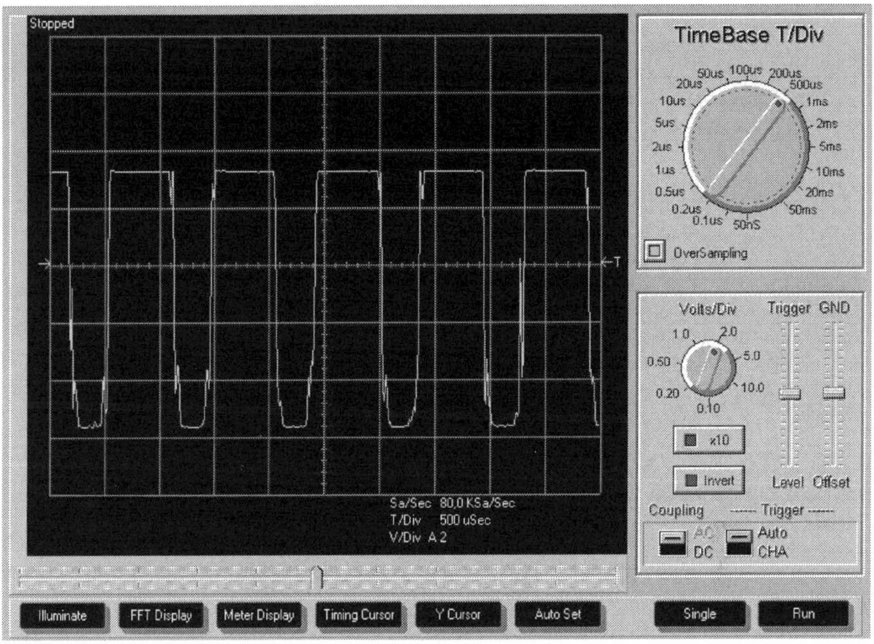

Bild 3.8: Ausgangssignal des Breitbanddetektors bei 0,5 mV/1 kHz

Erfolg an einen Hi-Fi-Verstärker anschließen. Nehmen Sie den Eingang *line in* oder bei älteren Verstärkern den Eingang *Kristalltonabnehmer.*

Ein sinusförmiges Eingangssignal von 0,5 mV bei 1 kHz erzeugt das in Bild 3.8 gezeigte Ausgangssignal. Von „sinusförmig" kann keine Rede mehr sein – die kräftigen Verzerrungen, die den Grundton begleiten, haben den Vorteil, dass das Signal wesentlich lauter und somit leichter wahrnehmbar wird. 0,5 mV bei 100 kHz erscheinen am Ausgang so wie in Bild 3.9 abgebildet. Auch ein HF-Signal mit der Frequenz 1 MHz ist bereits ab 2 mV Amplitude einwandfrei nachweisbar, vorausgesetzt, es trägt eine AM-Modulation im hörbaren Bereich (Bild 3.10). Steigt die Amplitude des Eingangssignals auf einen Wert von 1 V an, nehmen die übersteuerungsbedingten Verzerrungen stark zu. Bild 3.11 zeigt das Ausgangssignal. In Bild 3.12 ist der komplett aufgebaute Breitbanddetektor zu sehen. Wenn Sie dieses Gerät dauerhaft einsetzen möchten, lohnt es sich, die Schaltung in einem kleinen Gehäuse samt passendem Netzteil unterzubringen. Der Stromverbrauch liegt allerdings bei nur 4 mA, sodass im Normalfall auch der Betrieb mittels 9-V-Batterie problemlos möglich sein dürfte. Als Messleitung wird am besten ein Oszilloskop-Tastkopf verwendet. Dort ist in der Regel bereits ein praktischer 1:10-Teiler eingebaut, sodass das Eingangssignal bei Bedarf reduziert oder die belastende Impedanz auf unkritische Werte erhöht werden kann.

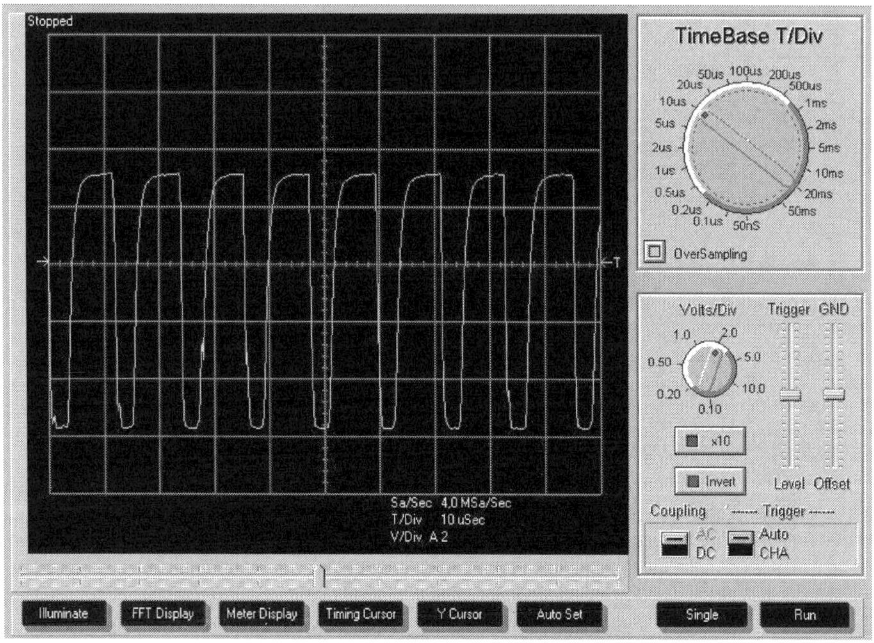

Bild 3.9: Ausgangssignal des Breitbanddetektors bei 0,5 mV/100 kHz

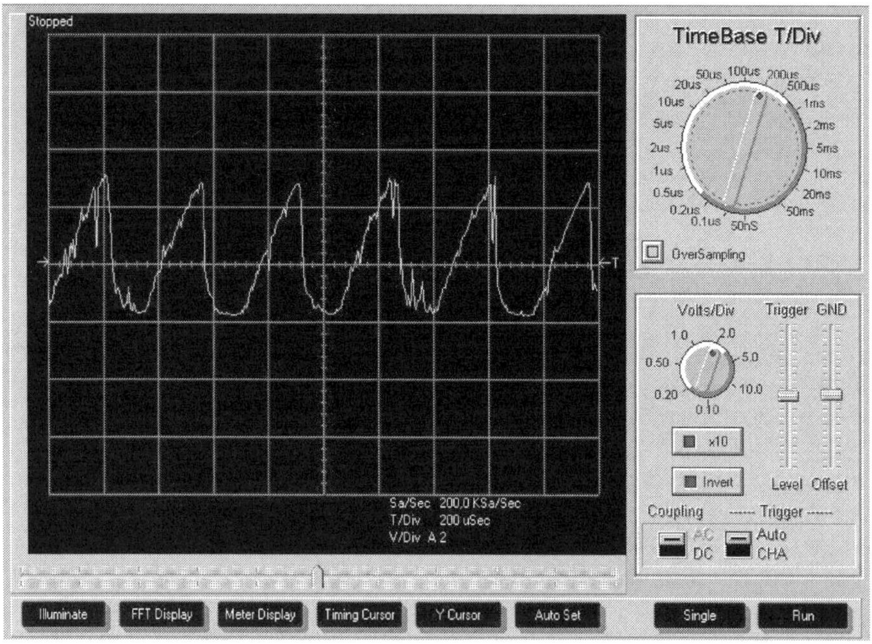

Bild 3.10: Ausgangssignal des Breitbanddetektors bei 2 mV/1 MHz mit 1 kHz AM-Modulation

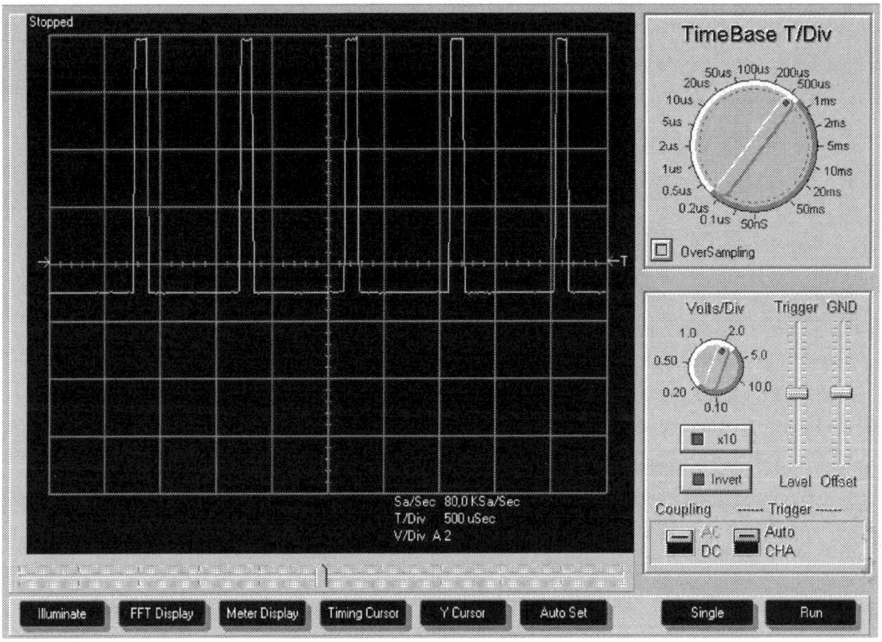

Bild 3.11: Ausgangssignal des Breitbanddetektors bei 1 V/1 kHz

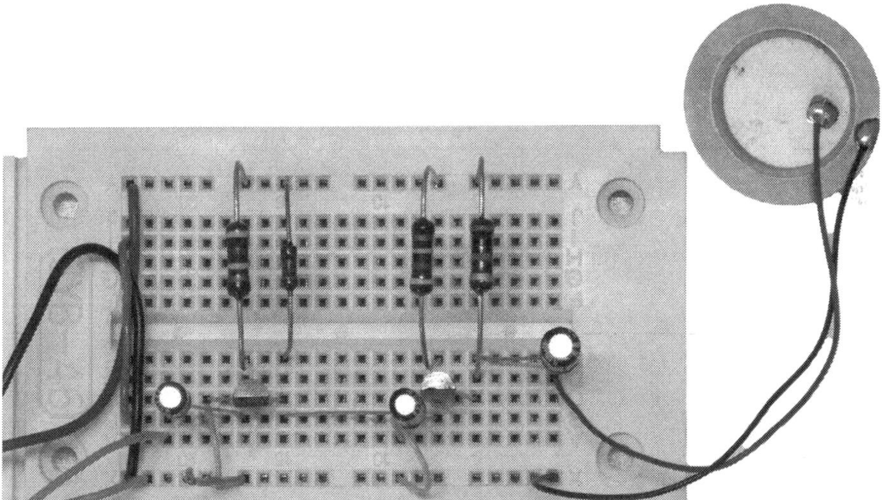

Bild 3.12: Fertig aufgebauter Breitbanddetektor

3.6 Experiment 11: Fehlersuche bei NF-Schaltungen

Am besten schließen Sie am Eingang eine bekannt zuverlässige Signalquelle an (Tuner, CD-Player oder Signalinjektor). Dann können Sie mit dem Breitbanddetektor von hinten, also bei der Endstufe beginnend, jede einzelne Verstärkerstufe überprüfen. So finden Sie ganz schnell die defekte Stufe.

Bei diffiziler Fehlersuche, wenn z. B. die Stufe noch verstärkt, aber die Verzerrungen zu groß sind, hilft der Breitbanddetektor nicht mehr weiter. Dann nutzen Sie am besten ein Oszilloskop. In etwa zwei Drittel aller Fälle, so zeigt die Praxis, ist der Fehler allerdings so beschaffen, dass Sie ihn mit dem Breitbanddetektor einkreisen könnten.

3.7 Experiment 12: Fehlersuche bei HF-Schaltungen

Auch HF-Verstärker und -Filter können wie oben beschrieben untersucht werden – zumindest immer dann, wenn die Frequenz nicht deutlich über 10 MHz liegt und wenn ein amplitudenmoduliertes NF-Signal vorliegt.

3.8 Experiment 13: Sinusgenerator selbst gebaut

Sollen NF-Schaltungen genauer untersucht werden, ist ein guter Sinusgenerator unverzichtbar. Muss der Klirrfaktor nicht extrem gering sein, kann ein solches Gerät relativ einfach selbst aufgebaut werden. Dann können Sie bereits mit Ihrem Gehör feststellen, ob der Klirrfaktor noch tolerierbar gering oder der Frequenzgang in Ordnung ist. Nicht immer ist ein kostspieliger und komplizierter Messgerätepark erforderlich, mit einfachen Messmitteln sind Sie oftmals auch bedeutend schneller am Ziel.

Die wirklich einfache Schaltung des Sinusgenerators zeigt Bild 3.13. Ein einziger Transistor sowie eine Handvoll preiswerter Standardbauteile genügen. Es handelt sich um eine sogenannte *RC-Phasenschieber-Schaltung*. Zur Erzeugung ungedämpfter Schwingungen wird ein gleichphasig vom Ausgang auf den Eingang rückgekoppeltes Signal benötigt. Das Signal am Kollektor des Transistors ist gegenüber dem Signal an der Basis um 180 Grad gedreht. Die Kombination von R1, R2, R3 und R5 in Verbindung mit C1 bis C4 macht diese Verschiebung rückgängig. So wird ein Teil des verstärkten Ausgangssignals phasenrichtig zurückgeführt und ein Sinussignal mit konstanter Amplitude erzeugt. In der vorliegenden Beschaltung beträgt die Schwingungs-frequenz ziemlich genau 1 kHz. Mit 1,3 V liegt die Ausgangsamplitude in einer praktisch in allen Fällen gefahrlos anwendbaren Größenordnung – sowohl bei Halbleiter- als auch bei Röhrenverstärkern. Der Klirrfaktor liegt bei etwa einem Prozent. Damit sind gehörmäßige Überprüfungen schnell und einfach durchführbar.

Bild 3.13: Schaltbild des Sinusgenerators

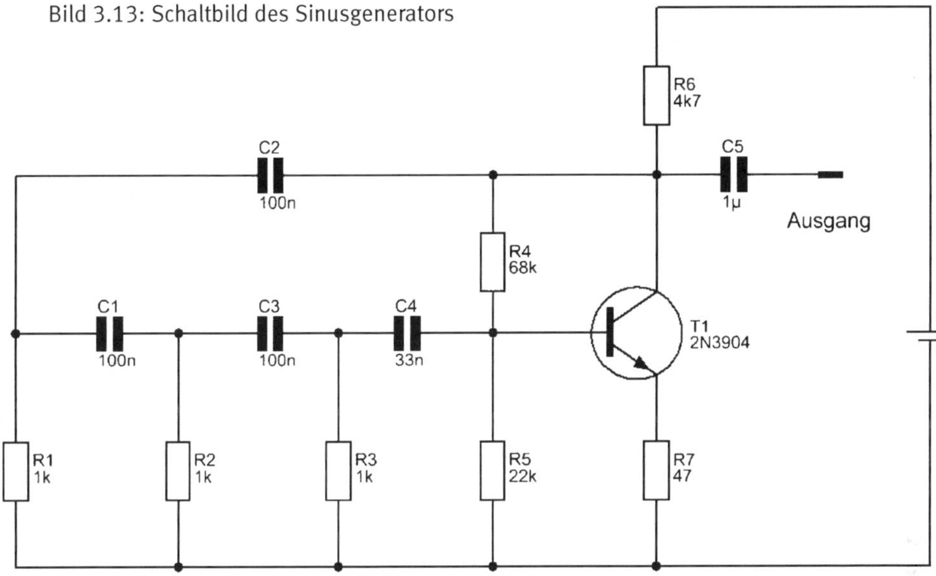

In Bild 3.14 sehen Sie das Ausgangssignal, Bild 3.15 zeigt die zugehörigen Messwerte. Eine Spektralzerlegung des Ausgangssignals bringt Bild 3.16. Im Wesentlichen zeigt sich die Oberwelle erster Ordnung.

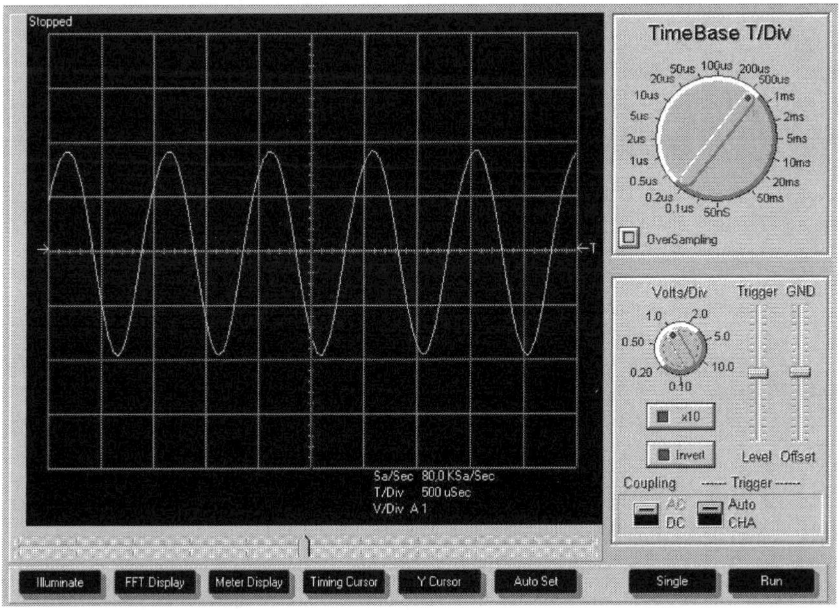

Bild 3.14: Ausgangssignal des Sinusgenerators

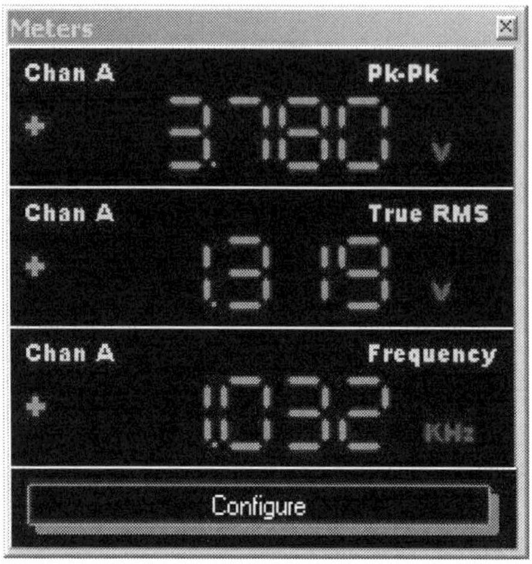

Bild 3.15: Digitale Messwerte des Ausgangssignals

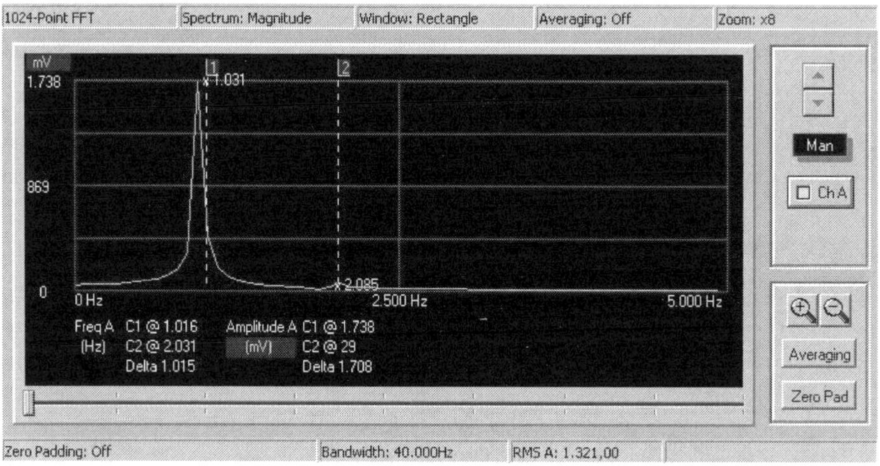

Bild 3.16: Spektraldarstellung des Ausgangssignals

Werden andere Frequenzen gewünscht, verändern Sie die Werte von R1 bis R3 und/oder C1, C3 und C4. So können Sie Sinussignale im Frequenzbereich von 100 Hz bis 20 kHz erzeugen.

Je nach Anwendungsfall kann es praktisch sein, die Schaltung des Sinusgenerators dauerhaft aufzubauen und eventuell drei Schaltungen für drei häufig benutzte Frequenzen (z. B. 100 Hz, 1 kHz und 10 kHz) in einem passenden Gehäuse zusammen mit einem Netzteil unterzubringen. Dann stehen Ihnen jeweils sofort die benötigten Testfrequenzen zur Verfügung. Ein durchstimmbarer NF-Generator wäre aufwendiger, selbst unter Verwendung eines modernen integrierten Bausteins, da zumindest ein (teurer) Stufenschalter für die Frequenzbereichswahl notwendig wäre.

Den fertig aufgebauten Sinusgenerator sehen Sie in Bild 3.17. Die Verdrahtung ist unkritisch. Allerdings sollte die Batterie noch einigermaßen frisch sein, sonst steigt der Klirrfaktor des Sinussignals deutlich an. Der Stromverbrauch liegt bei nur 1,5 mA, trotzdem lohnt sich bei dauerhaftem Einsatz des Sinusgenerators, vor allem wenn mit mehreren Schaltungen mehrere Ausgangssignale erzeugt werden sollen, die Verwendung eines passenden Netzteils.

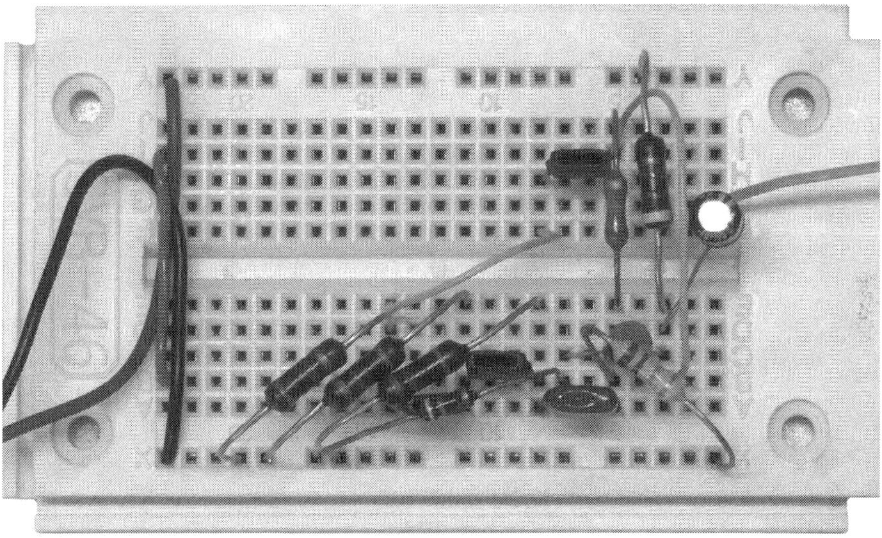

Bild 3.17: Fertig aufgebauter Sinusgenerator

Wird eine geringere Ausgangsspannung benötigt, kann ein Potenziometer oder ein Spannungsteiler verwendet werden. Bild 3.18 bringt zwei Beispiele. Mit dem geschalteten Spannungsteiler wird die Ausgangsspannung um den Faktor 10 oder 100 reduziert. Die Potenziometerlösung gestattet es, die Ausgangsspannung kontinuierlich zwischen Null und dem Maximalwert einzustellen. Damit sind Sie für die meisten Praxisfälle gut gerüstet.

Über den praktischen Einsatz des Sinusgenerators erfahren Sie mehr im nächsten Kapitel.

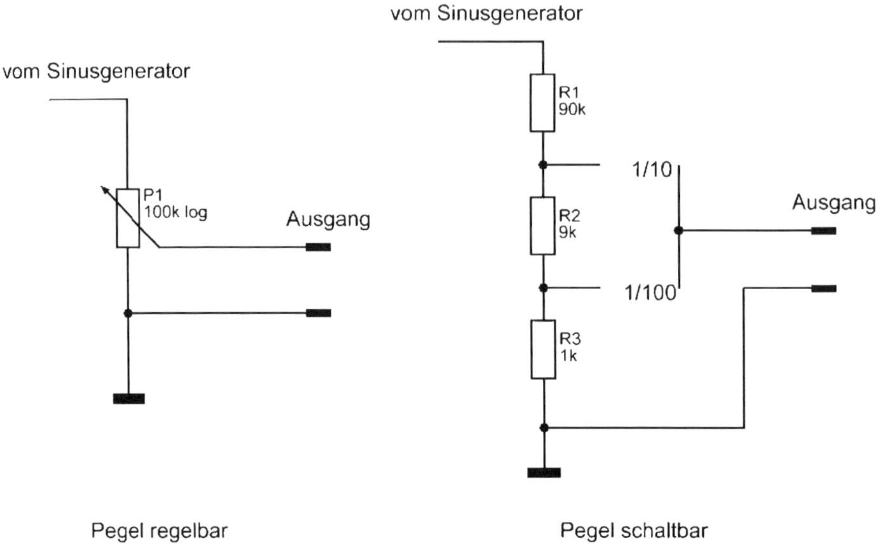

Bild 3.18: Schaltbild für eine Ausgangsspannungseinstellung

4 NF-Schaltungen mit Signalinjektor und Breitbanddetektor prüfen

4.1 Experiment 14: Fehlersuche bei NF-Vorverstärkern

NF-Vorverstärker bringen die kleinen Signalwerte bestimmter Quellen (magnetische Tonabnehmer, dynamische Mikrofone usw.) auf einen Pegel, der für die Ansteuerung von Endverstärkern (Größenordnung 1 V) ausreicht. Je nach Aufbau werden als verstärkende Elemente Transistoren und/oder ICs verwendet. Bild 4.1 zeigt ein schematisches Beispiel.

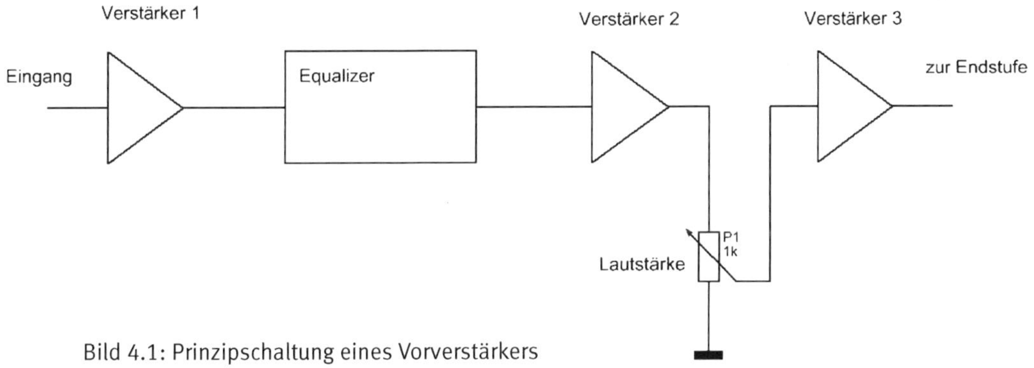

Bild 4.1: Prinzipschaltung eines Vorverstärkers

An den Ausgang schließen Sie den Breitbanddetektor an. Mit dem Signalinjektor versorgen Sie jetzt nacheinander – von hinten beginnend – jede einzelne Verstärkerstufe mit dem Prüfsignal. Eventuell vorhandene Equalizer oder Klangregler bringen Sie in Mittenstellung, zuschaltbare Filter sollten abgeschaltet werden. Zumindest für die Eingangsstufe sollten Sie den Pegel des Signalinjektors um mindestens den Faktor 10 vermindern.

Sind alle Verstärkerstufen in Ordnung, hören Sie mit dem Breitbanddetektor für jede Stufe weiter vorn, in die Sie das Signal einspeisen, ein lauteres und prägnanteres sägendes Geräusch. Das nicht gerade angenehm klingende (dafür aber umso deutlicher wahrnehmbare) Prüfsignal sieht auf dem Oszilloskop so aus, wie in Bild 4.2 gezeigt. Wenn Sie mit dem Signalinjektor nach vorn gehen und die Lautstärke abnimmt oder das Testsignal gar nicht mehr zu hören ist, haben Sie die fehlerhafte Stufe gefunden.

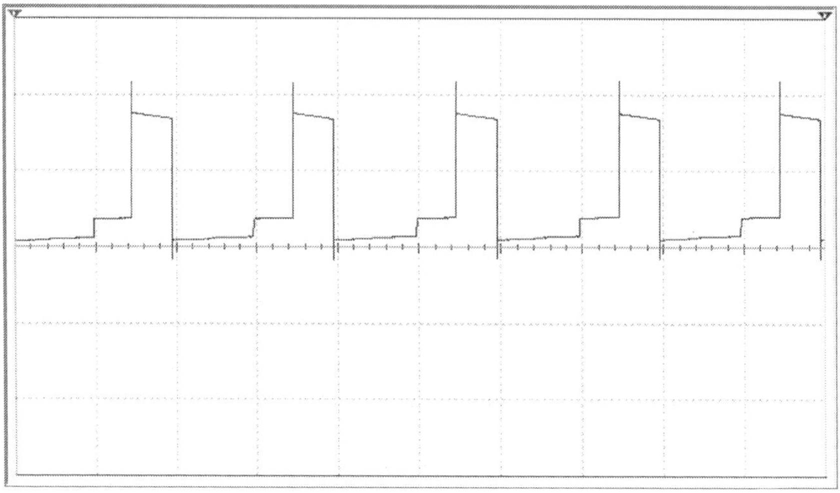

Bild 4.2: Prüfsignal am Ausgang

Jetzt müssen Arbeitspunkte und Pegel gemessen werden. Das notwendige Hintergrundwissen hierzu kann im Rahmen dieses Buchs nicht vermittelt werden. Im Buchhandel finden Sie genügend Literatur zu diesem Thema. Oft liegt auch kein Schaltplan des zu reparierenden Geräts vor. Sind die korrekte Funktion und die wesentlichen Leistungsdaten des Geräts bekannt, gelingt es bei großer Erfahrung in der Praxis in den meisten Fällen trotzdem, den Fehler zu finden. Ein bisschen Glück gehört aber auch dazu.

Typische Fehler in diesem Umfeld:

- Versorgungsspannung ist nicht korrekt.
- Tantalkondensator ist defekt.
- Elektrolytkondensator ist defekt.
- Transistor oder IC ist defekt.
- Nur in seltenen Fällen ist ein Widerstand defekt.
- Schließlich verbleibt eine Reihe exotischer Fehler wie Kontaktproblem, Kurzschluss, Sicherung durchgebrannt, Relais oder ein elektronischer Schalter (PIN-Diode) ist defekt usw.

Wenn Sie erst jetzt damit beginnen, Fehler in elektronischen Schaltungen zu suchen und zu beseitigen, werden Sie bald feststellen, dass die Platinenbestückung und der Geräteaufbau meist so gedrängt sind, dass mit den Prüfanschlüssen nur schwer an die richtigen Stellen heranzukommen ist. Hier helfen nur Umsicht, Geduld und praktische Erfahrung weiter. In Halbleiterschaltungen treten im Normalfall (außer beim Netzteil) auch keine lebensgefährlich hohen Spannungen auf.

Vom Netzteil und von Röhrengeräten sollten Sie als Anfänger auf jeden Fall Abstand nehmen. Wenn Sie über die nötigen Kenntnisse verfügen, arbeiten Sie am besten immer mit einem Netztrenntrafo, der zwischen Netz und zu reparierendem Gerät geschaltet wird.

4.2 Experiment 15: Fehlersuche bei NF-Gegentaktendstufen

Zu den gerade kennengelernten Fehlern in NF-Verstärkern gibt es bei Gegentakt-Endstufen weitere typische Probleme.

Ein extrem einfaches und damit übersichtliches Beispiel für einen NF-Gegentaktverstärker bringt Bild 4.3. Die beiden Transistoren Q1 (NPN) und Q2 (PNP) teilen sich die Arbeit. Q1 verstärkt die positive Halbwelle, Q2 entsprechend die negative Halbwelle. Das funktioniert aber nur dann einwandfrei, wenn die Vorspannung der Transistoren exakt eingestellt ist. Dafür sorgen normalerweise die Dioden D1 bis D3. Die Widerstände R1 und R2 begrenzen den Strom durch diese Dioden. Die akustische Überprüfung mit dem Signalinjektor zeigt, ob die Stufe prinzipiell funktioniert. Ob

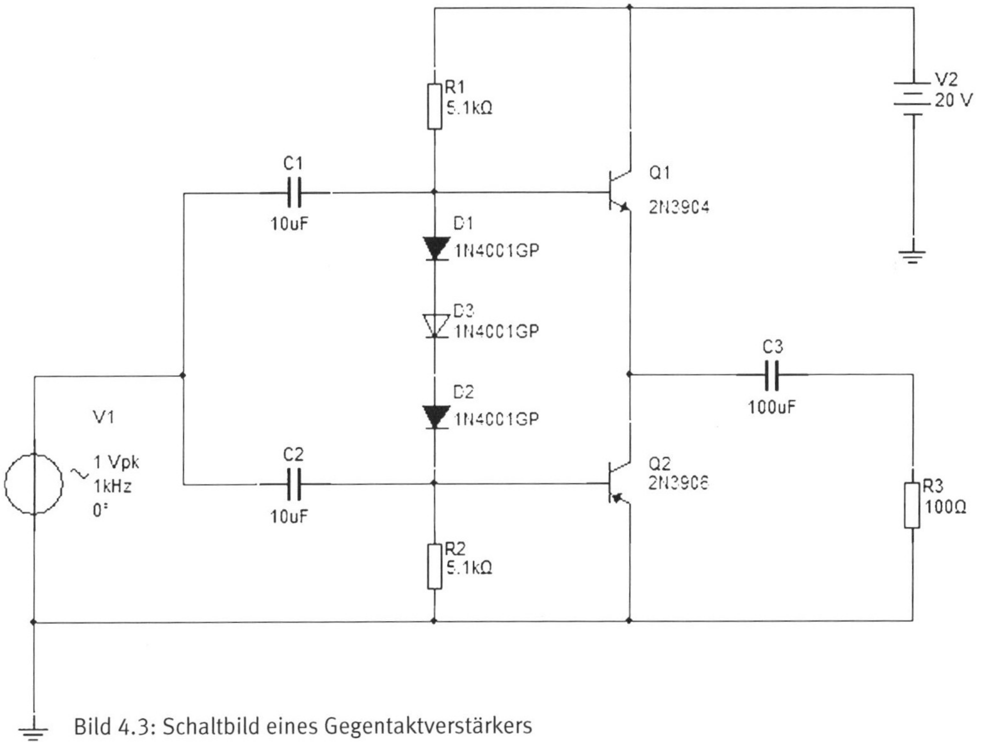

Bild 4.3: Schaltbild eines Gegentaktverstärkers

der Klang auch sauber ist, zeigt erst die Untersuchung mit dem Sinusgenerator. Schließen Sie deshalb am Verstärkereingang den Sinusgenerator an. Die Spannung des Generators ist gegebenenfalls zu reduzieren, damit die maximal zulässige Ausgangsleistung des Verstärkers nicht überschritten wird.

Ist alles in Ordnung, sieht das Ausgangssignal auf dem Oszilloskop so aus wie in Bild 4.4. Das Ausgangssignal bleibt bis zur maximal zulässigen Ausgangsleistung sauber. Ein sauberer (steriler) Sinuston ist zu hören. Bei einem Fehler in der Stromversorgung, der zu einer zu kleinen Versorgungsspannung führt, wird das Signal verzerrt (Bild 4.5). Der damit einhergehende Klirrfaktor ist deutlich zu hören. Bei geringer Lautstärke verschwinden die Verzerrungen, der Ton klingt wieder rein.

Eine weitere Fehlerquelle ist die Vorspannungserzeugung mit R1/R2 sowie D1 bis D3. Ist z. B. D3 defekt (Kurzschluss), wird eine zu geringe Vorspannung für die Transistoren zur Verfügung gestellt. Das führt zu sogenannten *Übernahmeverzerrungen* (Bild 4.6). Der damit verbundene Klirrfaktor ist wieder deutlich zu hören. Im Unterschied zu dem oben beschriebenen Fehler (zu geringe Versorgungsspannung) verschwinden die Verzerrungen bei reduzierter Lautstärke allerdings nicht. Im Gegenteil: Bei geringer Lautstärke treten die Verzerrungen besonders deutlich hervor. Das Klirrspektrum (Bild 4.7) zeigt, dass hauptsächlich ungeradzahlige Oberwellen am Klirren beteiligt sind. Der Klirrfaktor für dieses doch deutlich verunstaltete Signal liegt bei rund 20 %.

Die gezeigten Oszilloskopaufnahmen verdeutlichen das Geschehen. Zur Ursachenfeststellung sind sie zwar hilfreich aber nicht zwingend notwendig. Ein Sinusgenerator sowie Ihr Gehör genügen vollauf.

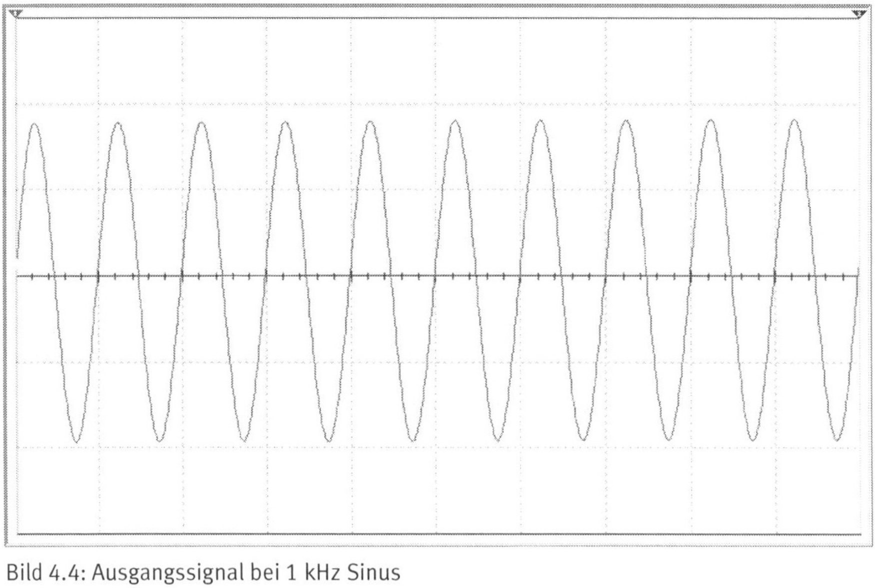

Bild 4.4: Ausgangssignal bei 1 kHz Sinus

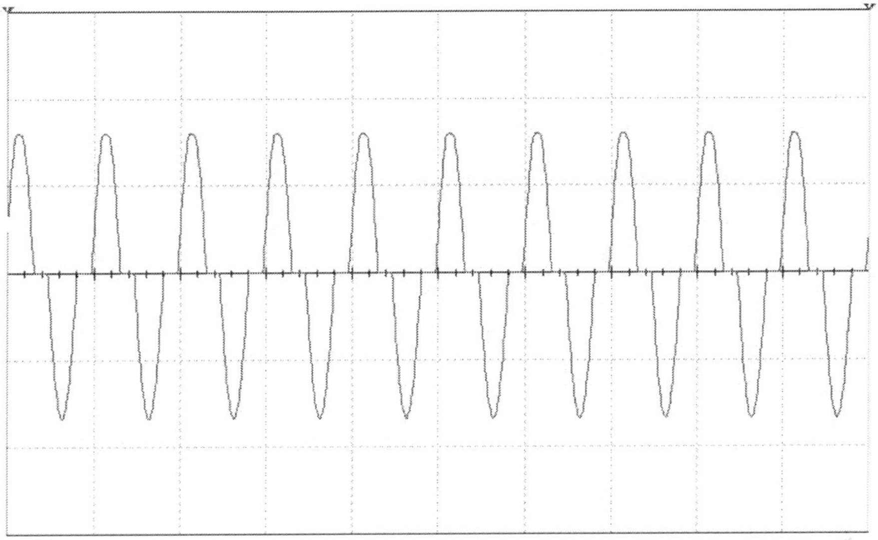

Bild 4.5: Ausgangssignal bei 1 kHz Sinus und zu geringer Versorgungsspannung

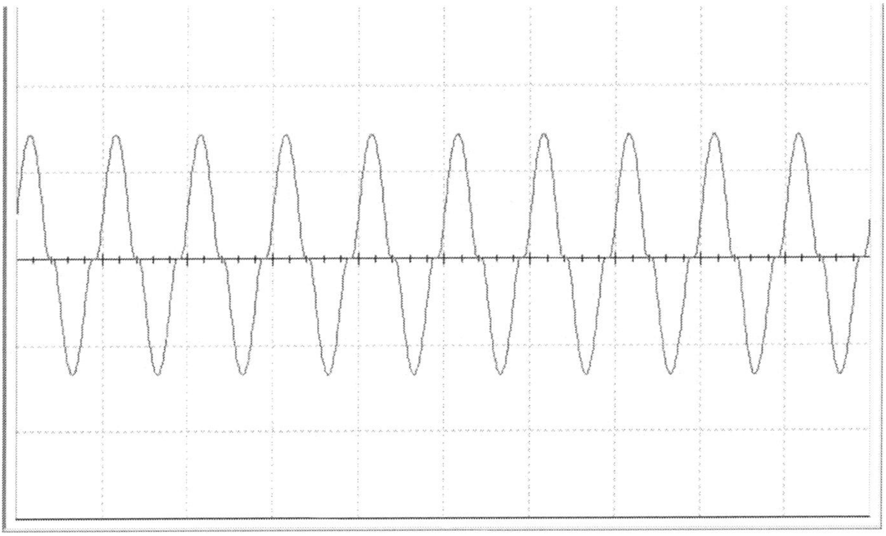

Bild 4.6: Übernahmeverzerrungen bei falsch eingestellter Vorspannung

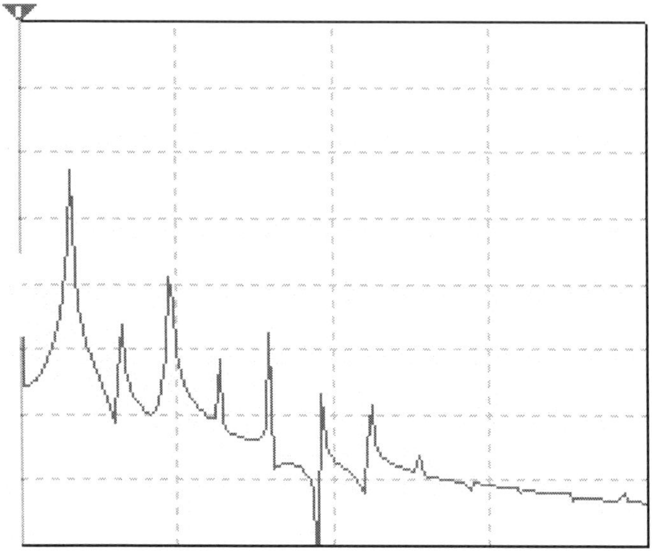

Bild 4.7: Spektraldarstellung bei falsch eingestellter Vorspannung

4.3 Experiment 16: Fehlersuche bei NF-Filtern (Tiefpass)

Werden von einem elektrischen Filter höhere Frequenzen abgesenkt und tiefere Frequenzen ungehindert transportiert, spricht man von einem *Tiefpass*. Beim Empfang von Rundfunksender mit AM-Modulation hilft z. B. ein solches Filter, Rauschen und Pfeifen zu dämpfen. Vor allem die Verständlichkeit von Sprache wird dadurch deutlich erhöht.

Bild 4.8 zeigt die einfachste Form eines Tiefpasses, ein RC-Filter. Mit der angegebenen Dimensionierung liegt die obere Grenzfrequenz bei rund 700 Hz.

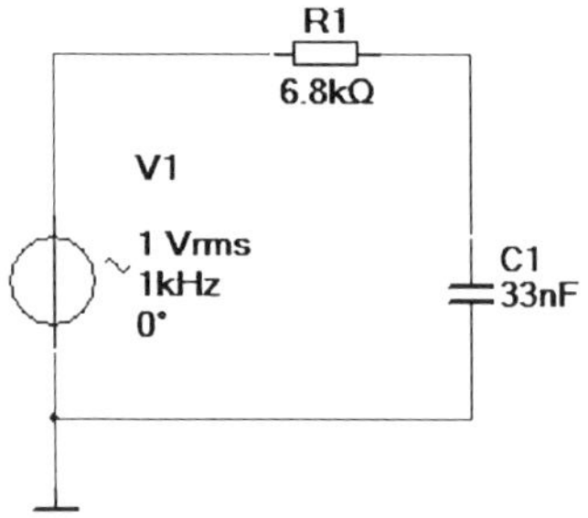

Bild 4.8: Schaltbild eines RC-Tiefpasses

Rechnerisch können Sie die obere Frequenzgrenze eines RC-Tiefpasses folgendermaßen ermitteln:

$$f_g = \frac{1}{2 * \pi * R * C}$$

f_g obere Grenzfrequenz [Hz]
R Widerstand [Ω]
C Kapazität [F]

Den messtechnisch ermittelten Frequenzgang dieses RC-Filters zeigt Bild 4.9.

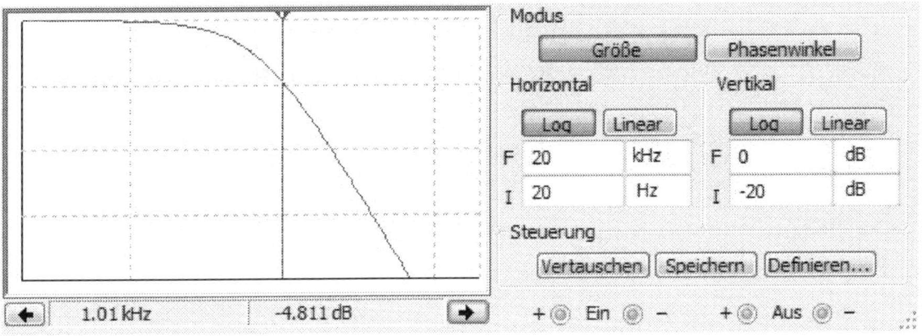

Bild 4.9: Frequenzgang des RC-Tiefpasses

Soll die Funktion eines derartigen Filters überprüft werden, benutzen Sie am besten den Signalinjektor. Ist das Filter abgeschaltet, hören Sie das typische, sägende Geräusch. Wird der Tiefpass aktiviert, hört das Sägen sofort auf und ein eher sauber klingender Sinuston erreicht Ihre Ohren.

In der Praxis genügt dieser einfache Funktionstest. Nur in wenigen Fällen muss die Filterfunktion detailliert untersucht werden. Dann ist es notwendig, die Frequenzgangkurve des Filterbausteins aufzunehmen. Wie Sie das zumindest überschlägig bewerkstelligen können, zeigt der nächste Abschnitt anhand eines RC-Hochpasses.

4.4 Experiment 17: Fehlersuche bei NF-Filtern (Hochpass)

Wie der Name schon sagt: Ein Hochpass lässt bevorzugt hohe Frequenzen passieren, tiefere Frequenzen werden abgeschwächt.

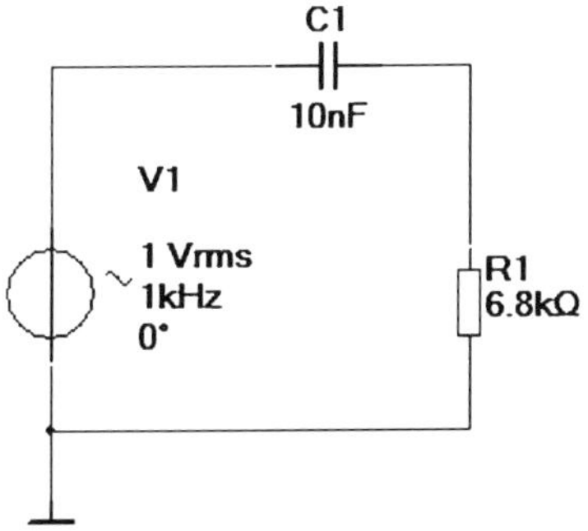

Bild 4.10 zeigt ein Beispiel. Auch hier gilt wieder folgende Formel für die Grenzfrequenzberechnung:

$$f_g = \frac{1}{2 * \pi * R * C}$$

f_g obere Grenzfrequenz [Hz]
R Widerstand [Ω]
C Kapazität [F]

Bild 4.10: Schaltbild eines RC-Hochpasses

Im vorliegenden Fall bestimmt sich die untere Grenzfrequenz zu rund 2,3 kHz. Alle darunter liegenden Frequenzen werden zunehmend stärker abgeschwächt. Bild 4.11 zeigt den messtechnisch aufgenommenen Frequenzgang.

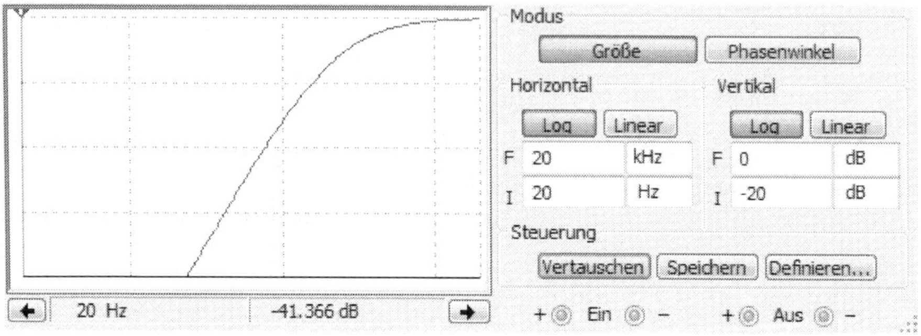

Bild 4.11: Frequenzgang des RC-Hochpasses

Benutzen Sie den Ton des Signalinjektors, macht sich bei gehörmäßiger Überprüfung die Filterwirkung deutlich bemerkbar. Der sägende Tonanteil wird deutlich stärker, die tieferen Tonanteile fehlen.

Muss das Filterverhalten detaillierter untersucht werden, können Sie mit dem Sinusgenerator arbeiten. Wenn Sie sich z. B. eine Dreierkombination mit Sinusgeneratoren für 100 Hz, 1 kHz und 10 kHz gebaut haben (Experiment 13), können Sie jetzt bei zusätzlichem Einsatz eines geeigneten Multimeters den Frequenzgang des Filters bestimmen. Für die drei Messfrequenzen könnten Sie z. B. folgende Amplitudenwerte erhalten:

Frequenz [kHz]	Amplitude [dB]
0,1	–27
1	–8
10	0

Geben Sie diese Daten in ein Kalkulationsprogramm (z. B. *Microsoft Excel* oder das kostenlose *Open Office Calc*) ein. Ein passendes Diagramm zeigt dann die, angesichts der wenigen Datenpunkte, nur angenähert richtige Frequenzgangkurve (Bild 4.12). Das ist angesichts des geringen Aufwands aber ein durchaus akzeptables Ergebnis. Die Abweichungen zur exakten Frequenzgangkurve, aufgenommen mit einem Frequenzgangschreiber (Bild 4.11), sind in der Praxis tolerierbar.

Störende Fehler in einem solchen Filter sind jedenfalls mit dieser Methode schnell und eindeutig aufspürbar.

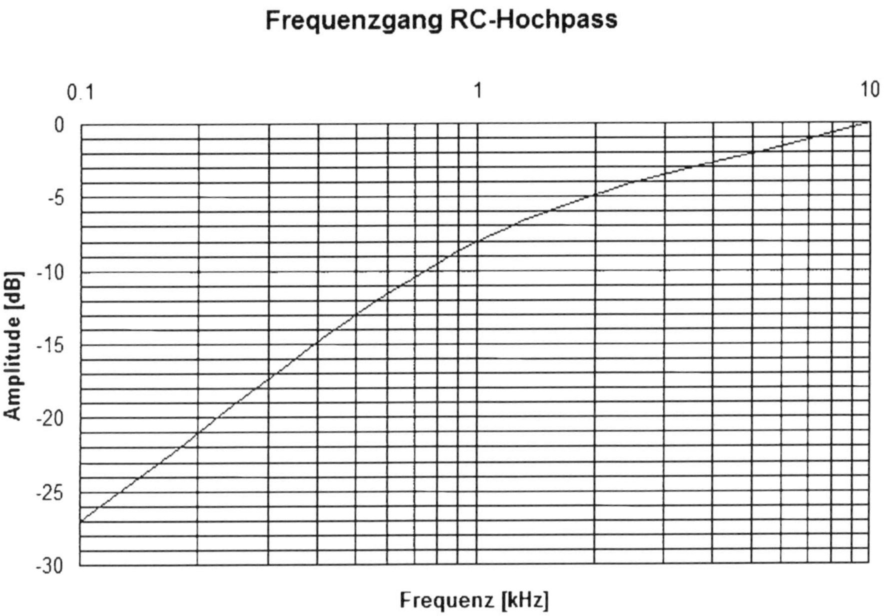

Bild 4.12: Diagrammdarstellung des Frequenzgangs

5 HF-Schaltungen

Im normalen Leben begegnet uns heute Hochfrequenztechnik in vielfältiger Form:

- TV
- Radio
- Handy
- Mikrowellenherd
- Funksprechgerät
- GPS-Navigation

Die Aufzählung ist längst nicht vollständig, zeigt aber auch so schon, dass Hochfrequenztechnik aus unserem täglichen Leben nicht mehr wegzudenken ist. Moderne Elektronik auf diesem Gebiet ist hochintegriert, größtenteils digitalisiert und mit einfachen Prüfmitteln nicht mehr zu warten. Im Wesentlichen beschränkt sich daher, vom Spezialgebiet KW-Technik für lizenzierte Amateure mal abgesehen, der sinnvoll durchführbare Service auf Radio- und Fernsehempfänger einfacher oder älterer Bauart.

Empfänger dieser Art verfügen neben dem Netzteil über ein NF-Teil (Wartung siehe Experimente 14 bis 17) sowie ein HF-Teil. Am Beispiel eines AM-Rundfunkempfängers wird die systematische Fehlersuche demonstriert.

5.1 Experiment 18: Fehlersuche bei HF-Verstärkern

Das Blockschaltbild eines AM-Rundfunkempfängers sehen Sie in Bild 5.1. Die Fehlersuche im Netzteil und im NF-Verstärker ist Ihnen nach den bisherigen Kapiteln bereits vertraut.

In diesem Experiment lernen Sie die systematische Fehlersuche im ZF-Verstärker kennen. Die Aufgabe eines ZF-Verstärkers besteht darin, ein schmales Frequenzband im HF-Bereich um rund den Faktor 1.000 zu verstärken. Regelschaltungen sorgen dafür, dass die Ausgangsspannung nahezu konstant bleibt, auch wenn die Eingangsspannung um mehr als den Faktor 100 schwankt.

Im Folgenden ist vorausgesetzt, dass der NF-Teil des Empfängers funktioniert. Falls nicht, sollte dieser als Erstes wieder in Gang gebracht werden.

Häufig besteht das ZF-Teil aus drei (manchmal auch nur zwei) hintereinandergeschalteten gleichartigen Verstärkerstufen, bestückt jeweils mit einem Transistor (oder IC) und einem Bandfilter-Schwingkreis am Ausgang. Ein Bandfilter ist so aufgebaut wie in Bild 5.2 gezeigt. Zwei mittels Spulenkern abstimmbare Schwingkreise, jeweils

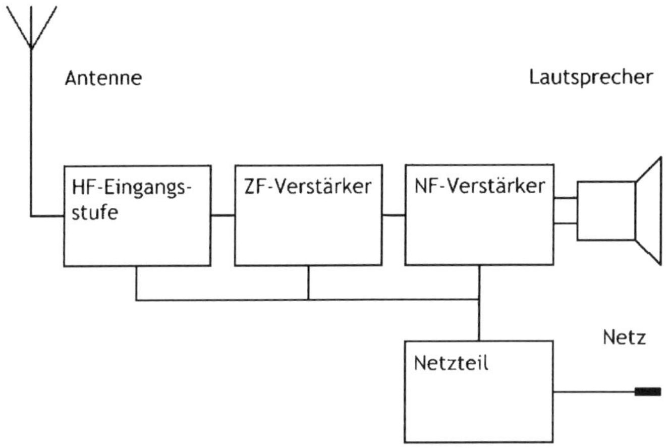

Bild 5.1: Prinzipschaltung eines AM-Empfängers

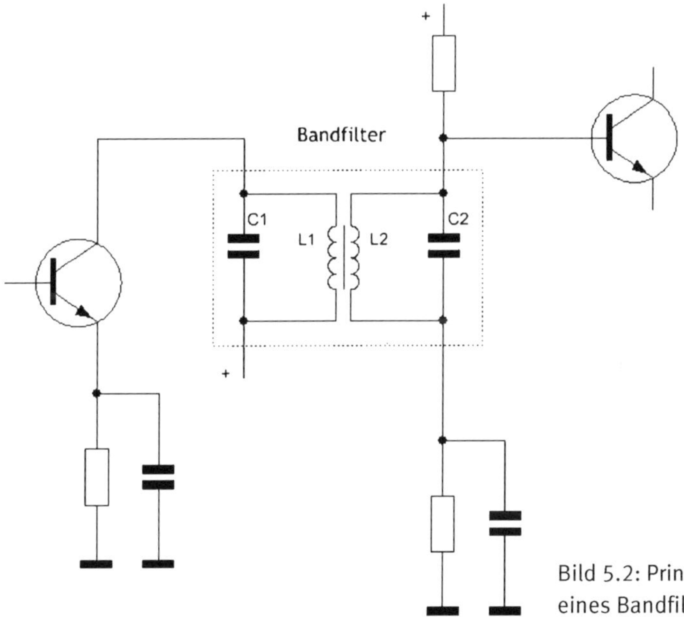

Bild 5.2: Prinzipschaltung eines Bandfilters

auf nahezu dieselbe Frequenz abgeglichen, sind magnetisch miteinander gekoppelt. So entsteht ein schmalbandiges Filter. Die Resonanzfrequenz liegt bei etwa 460 kHz, die Bandbreite bei etwa 10 kHz. Bild 5.3 zeigt eine solche Resonanzkurve. Gerade bei modernen Geräten besteht das Bandfilter nicht mehr aus gekoppelten Spulen, sondern aus gekoppelten mechanischen Schwingkreisen, z. B. Keramik- oder Quarzfiltern. Diese haben den Vorteil, dass sie keinen Abgleich benötigen. Auf die Funktion des ZF-Verstärkers hat dies ansonsten keinen Einfluss.

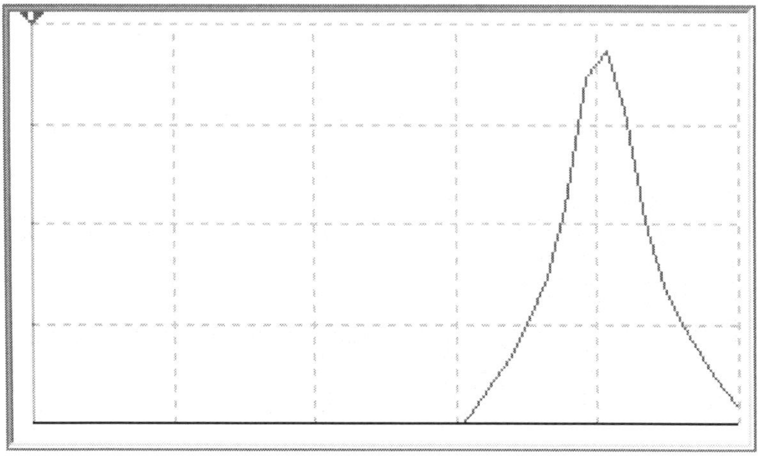

Bild 5.3: Durchlasskurve eines Bandfilters

Zur Überprüfung wird der Signalinjektor an den Eingang der letzten ZF-Verstärkerstufe angeschlossen. Ist alles in Ordnung, hören Sie im Lautsprecher das bekannte sägende Geräusch. Damit ist allerdings nur klar, dass die Verstärkung dieser Stufe funktioniert. Ob sie auch exakt auf die benötigte Zwischenfrequenz abgeglichen ist, steht damit noch nicht fest.

Gehen Sie jetzt eine Stufe nach vorn und wiederholen Sie das Experiment. Eine gegebenenfalls davorliegende Stufe wird genauso überprüft. An keiner Stelle darf die Lautstärke abnehmen. Wegen der Verstärkungsregelung sollte der Pegel des Signalinjektors für die erste Stufe des ZF-Verstärkers deutlich (Faktor 100) abgeschwächt werden.

Wenn Sie jetzt dennoch keine starken Rundfunksender empfangen können, liegt die Ursache sehr wahrscheinlich am HF-Eingangsteil. Dieses Teil kann mit einfachen Prüfmitteln nicht untersucht werden. Lassen Sie sich am besten von jemandem helfen, der über die entsprechende Erfahrung und Messmittel (Messsender, Frequenzzähler, Oszilloskop) verfügt.

Ist das HF-Teil in Ordnung und der Empfang dennoch unbefriedigend, kann das daran liegen, dass die Bandfilter im ZF-Verstärker nicht optimal abgeglichen sind. Mit einem Abgleichschraubendreher (aus Kunststoff) können Sie vorsichtig an den Abgleichkernen der Bandfilter drehen. Stellen Sie einen Rundfunksender ein, der gerade noch einwandfrei hörbar ist. Dann beginnen Sie mit dem Bandfilter der letzten ZF-Verstärkerstufe. Drehen Sie den Abgleichkern langsam an die Stelle, an der der Empfang am lautesten ist. Dasselbe Prozedere wenden Sie jetzt auf die zweite und dann auf die erste ZF-Stufe an.

Mit dem Signalinjektor kann der Abgleich nicht durchgeführt werden, da er ja nicht (nur) auf der benötigten ZF-Frequenz schwingt, sondern im Abstand von jeweils rund 0,5 kHz auch auf allen harmonischen Frequenzen darüber und darunter.

5.2 Experiment 19: Fehlersuche beim AM-Rundfunkempfänger – Methode 1

Im Prinzip haben Sie die Fehlersuche nach Methode 1 (mit dem Signalinjektor von hinten nach vorn) in den vorangehenden Abschnitten bereits ausführlich kennengelernt. Zur leichteren Auffindbarkeit hier nur eine Zusammenfassung.

Prüfen Sie als Erstes, ob das Netzteil alle benötigten Spannungen korrekt abgibt. Liegt der Fehler irgendwo im HF-Bereich, tun Sie sich bei der Fehlersuche leichter, wenn der Signalinjektor zum Einsatz kommt. Dann beginnen Sie bei der NF-Vorstufe und speisen das breitbandige Signal bei jeder Stufe – schrittweise nach vorn gehend – ein. Im Nu ist damit die Stufe gefunden, bei der das Signal nicht mehr verstärkt wird.

Oft kann auf diesem Weg der Fehler ohne den Einsatz teurer und komplizierter Messgeräte schnell eingekreist werden.

5.3 Experiment 20: Fehlersuche beim AM-Rundfunkempfänger – Methode 2

Prüfen Sie als Erstes, ob das Netzteil alle benötigten Spannungen korrekt abgibt. Lässt sich nicht so ohne Weiteres abschätzen, wo der Fehler liegt, oder besteht der Verdacht, dass mit dem NF-Teil etwas nicht in Ordnung ist, nehmen Sie den Breitbanddetektor zur Hand.

Beginnen Sie am Eingang der ersten ZF-Stufe. Bei loser Kopplung (mit einem Kondensator 1 nF) drehen Sie die Frequenzabstimmung des Rundfunkempfängers durch, bis Sie einen stark einfallenden Sender hören. Die Tonqualität ist miserabel, für die vorliegenden Zwecke aber ausreichend.

So gehen Sie jetzt alle ZF-Stufen schrittweise durch. Ist auch die letzte ZF-Stufe in Ordnung, kann der Fehler nur noch im NF-Teil liegen. Für die Ankopplung des Signalverfolgers können Sie jetzt den 1-nF-Kondensator wieder weglassen. Koppeln Sie direkt an den Eingang des Vorverstärkers. Ist dort das demodulierte Signal vorhanden, gehen Sie schrittweise alle folgenden Verstärkerstufen durch. So finden Sie schnell den Übeltäter.

Oft kann auf diesem Weg der Fehler ohne den Einsatz teurer und komplizierter Messgeräte schnell eingekreist werden.

6 Diverses

6.1 Praktikum 1: Spannungspegel bei Empfängern und Verstärkern

Bei der Nutzung einfacher Prüfmittel kann es vorteilhaft sein, einen theoretischen Hintergrund zu der zu untersuchenden Schaltung zu haben. Hier geht es vor allem aber darum, über Hilfreiches in der praktischen Fehlersuche Bescheid zu wissen. Im Besonderen erfahren Sie, welche Spannungspegel an welcher Stelle eines Verstärkers korrekt sind und welcher Pegel einfach zu hoch oder zu niedrig ist. Nicht zuletzt lernen Sie die wichtigsten Maßsysteme für die Angabe von Signalpegeln kennen. Das Ganze wird kurz und prägnant anhand von Beispielen erklärt.

In Bild 6.1 sehen Sie einige im Haushalt vorkommende Signalquellen. Aufgezeigt ist neben dem Quellenwiderstand auch der im Normalfall anliegende Signalpegel samt Frequenz. Alle Angaben sind grobe Richtwerte. Der Quellwiderstand ist deshalb von Bedeutung, da der nachfolgende Verstärker über einen dazupassenden Eingangswiderstand verfügen muss.

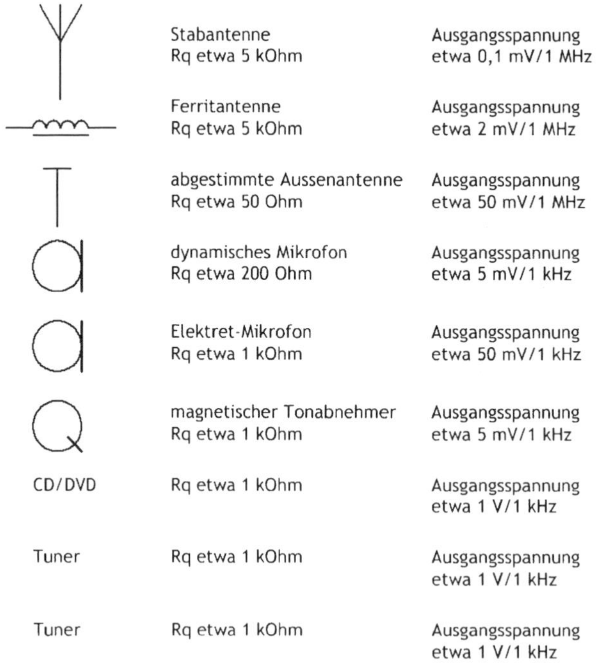

Bild 6.1: Ausgangspegel einiger Spannungsquellen

Drei unterschiedliche Antennenkonstruktionen sind aufgeführt. Alle sind für den Einsatz bei AM-Rundfunkempfängern geeignet. Bei allen Antennen geht es darum, die winzige Leistung möglichst komplett an den Verstärker zu übertragen. Bedingung dafür ist, dass Quell- und Eingangswiderstand genau gleich groß sind. Spannungspegel an Antennen zu messen ist nicht ganz einfach und gelingt nur mit speziellen Messgeräten. Für eine Überprüfung hingegen reicht ein gutes Oszilloskop. Dabei sehen Sie allerdings das gesamte anliegende Frequenzgemisch. Nicht selten hat die Darstellung deshalb mehr das Aussehen kräftigen Rauschens und weniger das einzelner Rundfunksignale (Bild 6.2). Selbst bei einem Ablenkkoeffizienten von 2 mV/Div erreicht die Signaldarstellung nur bei sehr kräftigen Antennensignalen die gezeigte Darstellung.

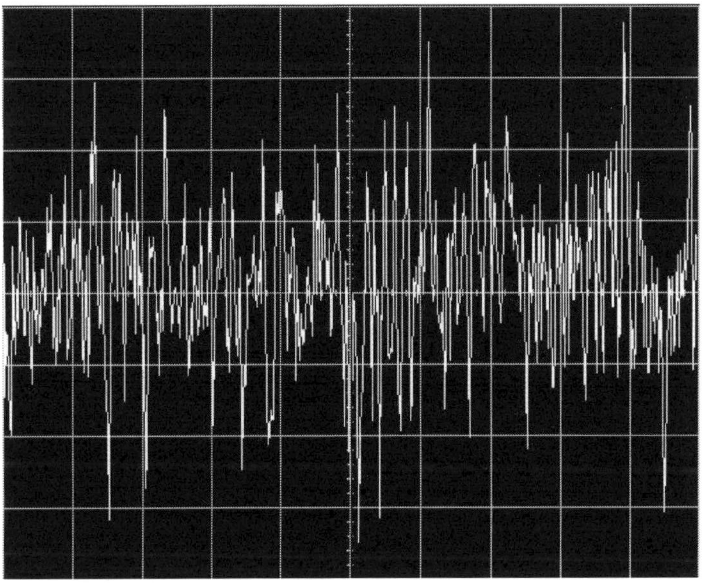

Bild 6.2: Typisches Antennensignal

Anders die Verhältnisse bei den Quellen niederfrequenter Spannungen. Der Eingangswiderstand des nachfolgenden Verstärkers wird nicht für optimale Leistungsanpassung gewählt. Vielmehr liegt er um etwa den Faktor 10 über dem Wert des betreffenden Quellwiderstands. Damit kann mit der vollen Höhe der abgegebenen Spannung gerechnet werden.

Als Nächstes zeigt Bild 6.3 die Pegelverhältnisse bei einem AM-Rundfunkempfänger. Auch hier gilt wieder: Alle Angaben sind grobe Richtwerte. Von der Antenne kommt ein winzig kleines Signal, das im HF-Teil um etwa den Faktor 10 verstärkt wird. Nach der Frequenzumsetzung auf die Zwischenfrequenz folgt in der Regel ein dreistufiger ZF-Verstärker, der insgesamt eine Verstärkung in der Größenordnung 1.000 bietet. Da sowohl schwach als auch stark einfallende Sender mit möglichst der gleichen Laut-

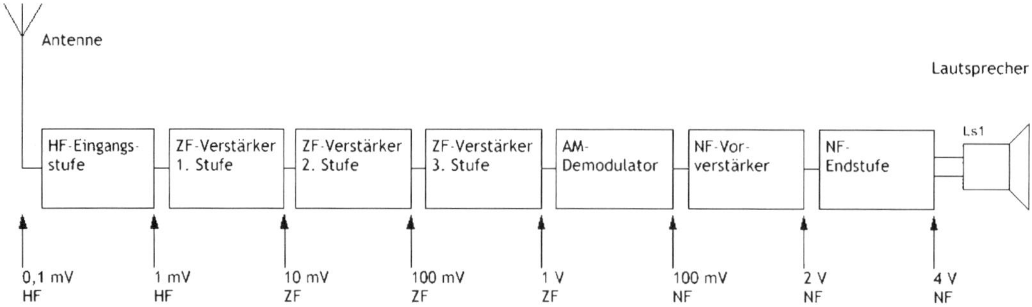

Bild 6.3: Typische Signalpegel beim AM-Empfänger

stärke erklingen sollen, muss die Verstärkung des ZF-Teils automatisch so geregelt werden, dass am Ausgang immer dieselbe Spannung erscheint, auch wenn die HF-Spannung am Eingang z. B. um den Faktor 100 schwankt (Schwundregelung).

Nach der Demodulation wird die gewonnene NF-Spannung dem NF-Vorverstärker zugeführt. Dort erfährt das Signal eine Verstärkung um den Faktor 20. Damit ist das Signal groß genug, um die NF-Endstufe auszusteuern. Schließlich erreicht den Lautsprecher ein NF-Signal in der Größenordnung von 4 V. Dies entspricht einer Leistung von 4 Watt an 4 Ω. Angesichts der heute hohen Leistungen erscheinen 4 W eher mickerig. Bei dieser Leistung erzeugt der Lautsprecher aber bereits eine Lautstärke, die in modernen Gebäuden die Grenze der Zimmerlautstärke erreicht. Er klingt so laut wie ein Staubsauger!

Wenn Sie einen Hi-Fi-Verstärker untersuchen, können Sie etwa mit den in Bild 6.4 gezeigten Signalpegeln rechnen. Soundkarten von PCs geben ein Signal in der Größenordnung von 1 V ab (line out) und vertragen diesen Pegel auch am Eingang (line in). Alle Spannungswerte beziehen sich auf maximale Werte, die dann auftreten, wenn Musik oder Sprache gerade am lautesten sind.

Bei Messungen verwenden Sie in der Regel Sinussignale, die mit konstanter Amplitude betrieben werden. Die dabei vom Lautsprecher erzeugte Lautstärke überschreitet problemlos das das Gehör schädigende Maß. Klemmen Sie deshalb den Lautsprecher ab und ersetzen Sie ihn durch einen Messwiderstand mit den Werten 4 Ω/50 Watt.

Bestimmt ist Ihnen schon aufgefallen, dass Spannungspegel nicht immer in V (Volt), sondern stattdessen häufig in dB (Dezibel) angegeben werden. Spannungswerte sind in absoluten Werten angegeben, Dezibelwerte sind immer relativ im Verhältnis zu einem Bezugswert. Als Bezugswert wird bei HF häufig 1 µV ($1 * 10^{-6}$ V) und bei NF der Wert 1 V benutzt.

Damit können Sie anhand nachstehender Tabelle die Angaben in V oder dB ineinander umrechnen.

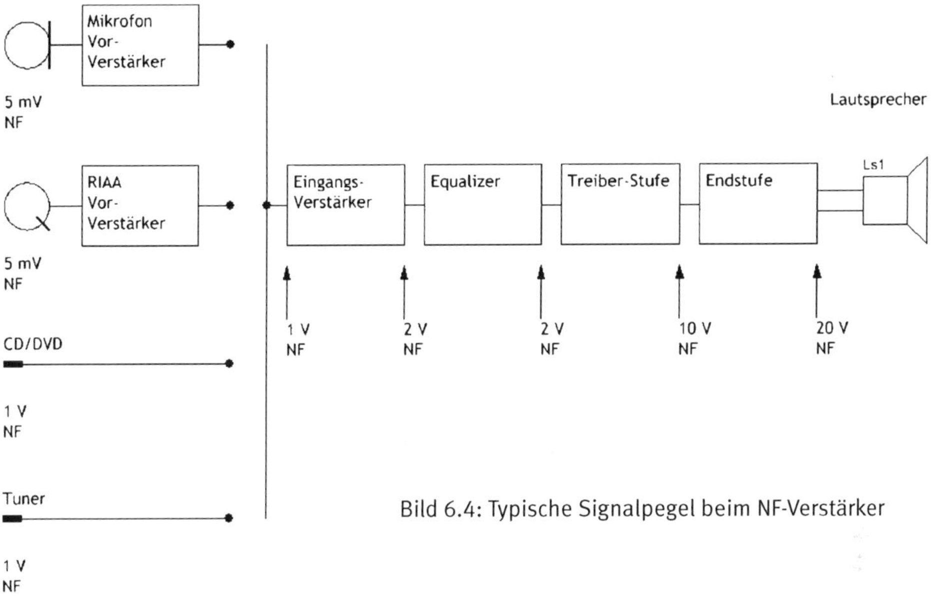

Bild 6.4: Typische Signalpegel beim NF-Verstärker

Spannung in V	Spannung in dBμ (Bezugspegel 1 μV)
0,1 μV	–20 dBμ
1 μV	0 dBμ
10 μV	20 dBμ
100 μV	40 dBμ
1 mV	60 dBμ
10 mV	80 dBμ
100 mV	100 dBμ
1 V	120 dBμ
2 V	126 dBμ
Spannung in V	**Spannung in dBV (Bezugspegel 1 V)**
1 mV	–60 dBV
2 mV	–54 dBV
5 mV	–46 dBV
10 mV	–40 dBV
20 mV	–34 dBV
50 mV	–26 dBV
100 mV	–20 dBV
200 mV	–14 dBV
500 mV	–6 dBV
1 V	0 dBV
2 V	6 dBV
5 V	14 dBV
10 V	20 dBV

Die dahinterstehende Umrechnungsformel sieht folgendermaßen aus:

$$P = 20 * \log \frac{U}{U_b}$$

P Spannungspegel in dB
log dekadischer Logarithmus
U Spannung in V
U_b Bezugsspannung in V

Für die Umrechnung von Dezibel in Spannung gilt folgender Zusammenhang:

$$U = U_b * 10^{\frac{P}{20}}$$

U Spannung in V
U_b Bezugsspannung in V
P Spannungspegel in dB

Die Angabe von Spannungspegeln in Dezibel ist immer dann praktisch, wenn stark unterschiedliche Werte im gerade bearbeiteten Projekt vorliegen, z. B. sowohl Millivolt als auch Volt. Wird in diesem Fall mit Dezibel gearbeitet, bleibt die Maßangabe immer gleich (dBV) und man hat es mit einfachen Zahlen zu tun. Ansonsten müsste immer peinlich darauf geachtet werden, ob gerade Millivolt oder Volt zutreffen. 1 V entspricht 0 dB, 1 mV entspricht –60 dB (Tabelle oben).

Häufig kann Ihr Multimeter oder DSO bei Spannungsmessungen in den Modus *Dezibel* umgeschaltet werden. Dann können Sie sich jede lästige Umrechnung ersparen. Vergessen Sie aber nie, auf den zugehörigen Bezugspegel zu achten. Auf einem normalen 2,5-stelligen Display können Sie dann Spannungen im Bereich von 1 mV bis 1 V bei gleich bleibender Genauigkeit ablesen.

6.2 Experiment 21: Fehlersuche bei Transistoren

Der 1947 in den Bell Labors entwickelte Transistor hat sich als universell einsetzbares Bauteil fest etabliert – kein Handy, kein mp3-Player, keine Autoelektronik, kein PC ohne Transistoren. Der Transistor wird derzeit in ungeheuren Stückzahlen qualitativ hochwertig zu extrem geringen Preisen (wenige zehntausendstel Cent pro Stück in ICs, wenige Cent pro Stück als Einzelhalbleiter) hergestellt.

Da ist es nicht erstaunlich, dass sich im Lauf der Zeit eine Menge Transistoren in der Bastelkiste ansammeln oder in einem defekten Gerät enthalten sind. Manchmal ist die Typenbezeichnung nicht mehr zu entziffern, manchmal ist der Typ nicht im verfügbaren Datenbuch verzeichnet. Dann ist guter Rat teuer. Ist der Transistor noch in Ordnung, wie ist seine Anschlussfolge? Bild 6.5 zeigt einige Transistoren: links Leistungstransistoren, in der Mitte Transistoren mittlerer Leistung und rechts Kleinleistungstransistoren.

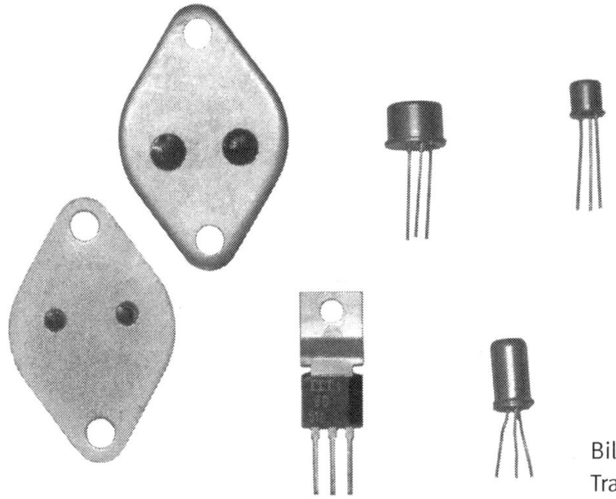

Bild 6.5: Unterschiedliche Transistorbauformen

In den meisten Fällen hilft ein modernes Multimeter (im Baumarkt schon ab 10 € erhältlich) weiter. Bild 6.6 zeigt ein ebenso einfaches wie zuverlässiges Multimeter. Damit können Sie alle Bipolartransistoren untersuchen – sowohl Silizium- als auch Germanium-Typen, NPN- ebenso wie PNP-Typen.

Bild 6.6: Einfaches und praktisches Multimeter

Im Zusammenhang mit der Überprüfung von Transistoren sind die beiden Messfunktionen *Diode* und h_{FE} interessant. Mit der Funktion *Diode* können Sie die Anschlussfolge eines unbekannten Bipolartransistors bestimmen.

Ein Bipolartransistor verfügt immer über drei Anschlüsse. Bei Leistungstransistoren liegt meist der Kollektoranschluss direkt am Gehäuse, sodass nur zwei Anschlussdrähte vorhanden sind. Zur Bestimmung der Anschlussfolge finden Sie nachfolgend eine Schritt-für-Schritt-Anleitung.

Vorausgesetzt wird, dass die Anschlussleitungen korrekt am Multimeter eingesteckt sind: rote Anschlussleitung an der Buchse mit positiver Spannung, schwarze Anschlussleitung an der Massebuchse.

Schritt 1:
Markieren Sie die drei Transistoranschlüsse eindeutig mit den Zahlen 1, 2 und 3.

Schritt 2:
Aktivieren Sie am Multimeter die Funktion *Diode*.

Schritt 3:
Gehen Sie mit der roten Leitung auf Anschluss 1 und mit der schwarzen Leitung auf Anschluss 2. Notieren Sie das Ergebnis, z. B. „offener Anschluss".

Schritt 4:
Gehen Sie mit der schwarzen Leitung auf Anschluss 1 und mit der roten Leitung auf Anschluss 2. Notieren Sie das Ergebnis, z. B. „offener Anschluss".

Schritt 5:
Gehen Sie mit der roten Leitung auf Anschluss 1 und mit der schwarzen Leitung auf Anschluss 3. Notieren Sie das Ergebnis, z. B. „0,651 V".

Schritt 6:
Gehen Sie mit der schwarzen Leitung auf Anschluss 1 und mit der roten Leitung auf Anschluss 3. Notieren Sie das Ergebnis, z. B. „offener Anschluss".

Schritt 7:
Gehen Sie mit der roten Leitung auf Anschluss 2 und mit der schwarzen Leitung auf Anschluss 3. Notieren Sie das Ergebnis, z. B. „0,620 V".

Schritt 8:
Gehen Sie mit der schwarzen Leitung auf Anschluss 2 und mit der roten Leitung auf Anschluss 3. Notieren Sie das Ergebnis, z. B. „offener Anschluss".

Genau bei zwei Anschlusskombinationen darf ein Spannungswert angezeigt werden, bei allen anderen Kombinationen muss ein offener Anschluss signalisiert werden. Ist dies nicht der Fall, ist der Transistor defekt.

Die Größe der gemessenen Durchlassspannungen (0,651 V und 0,620 V) zeigt, dass es sich um einen Si-Transistor kleiner bis mittlerer Leistung handelt. Bei einem Si-Leistungstransistor lägen diese Werte bei etwa 0,45 V. Ein Ge-Transistor kleiner bis mittlerer Leistung zeigt Durchlassspannungen von 0,12 V. Ein Ge-Leistungstransistor führt zu einer Durchlassspannung von etwa 0,06 V.

Die größere der beiden Durchlassspannungen (0,651 V) kennzeichnet die Strecke Basis – Emitter. In diesem Fall haben Sie die Schwellenspannung bestimmt. Die kleinere Durchlassspannung (0,620 V) bezeichnet die Strecke Basis – Kollektor. Gemeinsam benutzt ist bei beiden Messungen der Anschluss 3, also ist dies der Basisanschluss des Transistors. In beiden Fällen war die schwarze Leitung auf Anschluss 3, also dem Basisanschluss. Schwarze Leitung heißt „negatives Potenzial", also muss es sich um einen PNP-Transistor handeln.

Damit haben Sie die vier wichtigsten Daten des unbekannten Transistors ermittelt:

- Halbleitertyp: Silizium oder Germanium
- Polarität: NPN oder PNP
- Leistungstyp: kleine oder mittlere Leistung, große Leistung
- Anschlussfolge: Basis, Emitter, Kollektor

Für die praktische Fehlersuche können Sie die Identifizierung eines unbekannten Transistors am besten anhand nachfolgender Entscheidungstabelle vornehmen. Führen Sie alle oben genannten Schritte 1 bis 8 durch und benutzen Sie dann die Tabelle.

Messung	**Transistor**
Durchlass bei mehr oder weniger als 2 Kombinationen oder mit Kurzschlüssen	Transistor defekt
Gemeinsamer Anschluss bei den beiden Kombinationen mit Durchlassspannung	Basisanschluss
Zweiter Anschluss mit der höheren Durchlassspannung (= Schwellenspannung)	Emitteranschluss
Zweiter Anschluss mit der geringeren Durchlassspannung	Kollektoranschluss
Durchlassspannungen etwa 0,6 V	Si-Transistor kleiner/mittlerer Leistung
Durchlassspannungen etwa 0,45 V	Si-Transistor großer Leistung
Durchlassspannungen etwa 0,11 V	Ge-Transistor kleiner/mittlerer Leistung
Durchlassspannungen etwa 0,06 V	Ge-Transistor großer Leistung
Durchlass, wenn schwarze Leitung am Basisanschluss	PNP-Typ
Durchlass, wenn rote Leitung am Basisanschluss	NPN-Typ

Als Nächstes nutzen Sie die Funktion h_{FE} Ihres Multimeters. Die Anschlussfolge kennen Sie nun, deshalb ist es kein Problem, den Transistor richtig in die entsprechende

Fassung zu stecken. So bestimmen Sie die Größe der Gleichstromverstärkung des unbekannten Transistors.

Leider verfügen moderne Multimeter nur mehr selten über diese Funktion, es gibt sie aber nach wie vor. Man muss nur im Internet etwas suchen, um sie zu finden. Wenn Sie öfter Transistoren prüfen möchten, lohnt es sich deshalb, ein einfaches und praktisches Transistorprüfgerät selbst zu bauen. Bild 6.7 zeigt rechts ein solches Transistorprüfgerät (links ein entsprechendes Prüfgerät für Elektronenröhren). Die Schaltung dieses Prüfgeräts zeigt Bild 6.8.

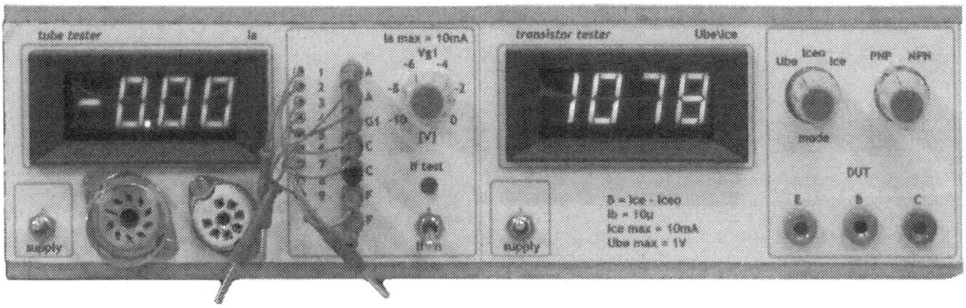

Bild 6.7: Praktisches Transistorprüfgerät (im Bild rechts)

Das Multimeter oder das Prüfgerät zeigt für Transistoren kleiner und mittlerer Leistung den Gleichstromverstärkungsfaktor ß an.

Ein kommerzielles Transistormessgerät sehen Sie in Bild 6.9. Bei ihm werden in einem einzigen Messzyklus automatisch für jeden Transistor neben der Anschlussfolge eine Reihe wichtiger Transistorparameter bestimmt, unter anderem die Stromverstärkung, die B-E-Schwellenspannung, der Kollektorsperrstrom usw. Wenn Sie oft halbleiterbestückte Geräte reparieren, lohnt sich die Anschaffung dieses Transistortesters. Für Gegentakt-Endstufen können damit auch problemlos die benötigten Transistorpaare zusammengestellt werden.

Defekte Transistoren im Bereich der Unterhaltungselektronik sind übrigens relativ selten, und wenn sie doch auftreten, dann meist als Folge von anderen fehlerhaften Bauteilen (Kurzschlüsse, durchgebrannte Widerstände, Überspannung, Elko oder Tantalkondensator defekt). Wenn Sie also einen defekten Transistor aufspüren, überprüfen Sie vor dem Einbau eines neuen Transistors erst die Schaltung ringsum und messen die Betriebsspannungen an den drei Transistoranschlüssen nach. Wenn Sie den Originaltyp nicht auftreiben können, ziehen Sie ein Halbleiter-Datenbuch zurate. Aktuell werden so viele unterschiedliche Transistoren angeboten, dass mit Sicherheit ein geeigneter Äquivalenttyp zur Verfügung steht. Bezugsquellen finden Sie am Ende von Kapitel 1.

In ganz diffizilen Reparaturfällen oder wenn Sie eigene Schaltungen entwickeln möchten, werden Sie neben den einfachen, oben ermittelten Daten genauere techni-

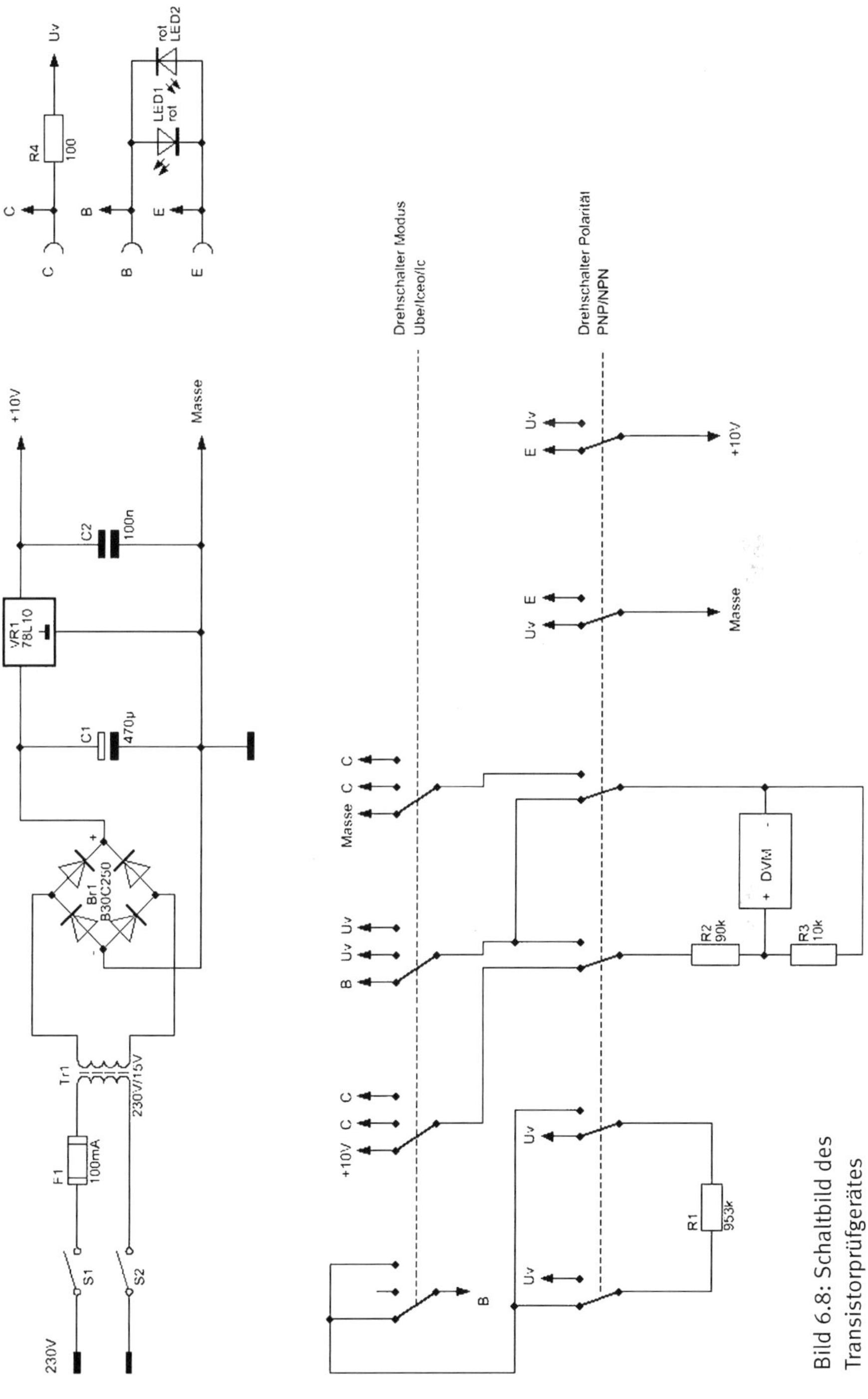

Bild 6.8: Schaltbild des Transistorprüfgerätes

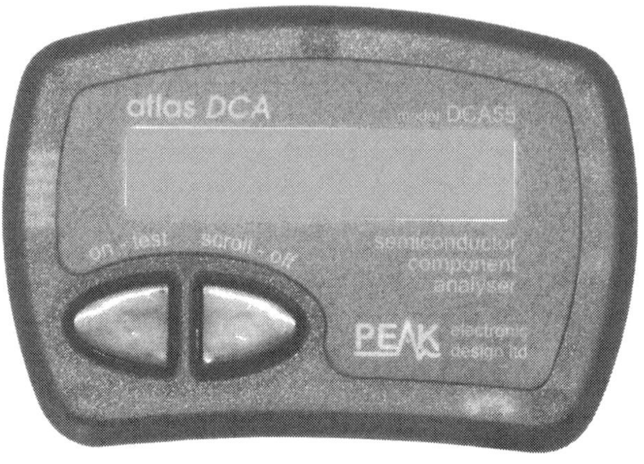

Bild 6.9: Aufwendiges Transistormessgerät

sche Daten, möglichst in Form von Kennlinien, benötigen. Wenn Sie diese Daten im Internet nicht finden, bleibt Ihnen nur, diese Kennlinien selbst aufzunehmen. Wie Sie das möglichst einfach und schnell, sozusagen im Handumdrehen, bewerkstelligen, zeigt Ihnen das Buch „Schaltungssimulation mit SPICE“, ISBN 978-3-88180-852-1. Unter anderem lernen Sie dort auch, wie mit einem modernen Digitaloszilloskop innerhalb von Sekunden komplette Transistorkennlinien aufgenommen und am PC ausgedruckt werden können.

6.3 Experiment 22: Messungen bei Netzspannung

Netzspannung ist lebensgefährlich. Wer nicht über die erforderlichen Kenntnisse zum sicheren Umgang mit Netzspannung verfügt, muss sich hier fernhalten.

In jedem Fall sollte ein Trenntransformator verwendet werden. Die gefährlich hohe Spannung liegt nicht mehr gegen Erde an.

Im Folgenden erfahren Sie, wie Spannungspegel und Signalformen im Bereich der Netzspannung gemessen werden.

Als Beispiel wird die in Bild 6.10 gezeigt Schaltung benutzt. Von Interesse ist die Spannung über dem Vorwiderstand, die Messpunkte sind eingezeichnet.

Ein Trenntrafo macht zwar die Netzspannung erdfrei, aber trotzdem sollte jetzt nicht über den Anschluss eines geerdeten Messgeräts doch wieder eine Erdung vorgenommen werden. Die Schutzwirkung ginge verloren.

Wenn Sie ohne Trenntrafo arbeiten müssen (manchmal unumgänglich), verbietet sich der Anschluss von geerdeten Messgeräten ohnehin, da damit ein Kurzschluss mit fatalem Ausgang einhergehen würde.

Also: Setzen Sie niemals geerdete Messgeräte im Bereich der Netzspannung ein.

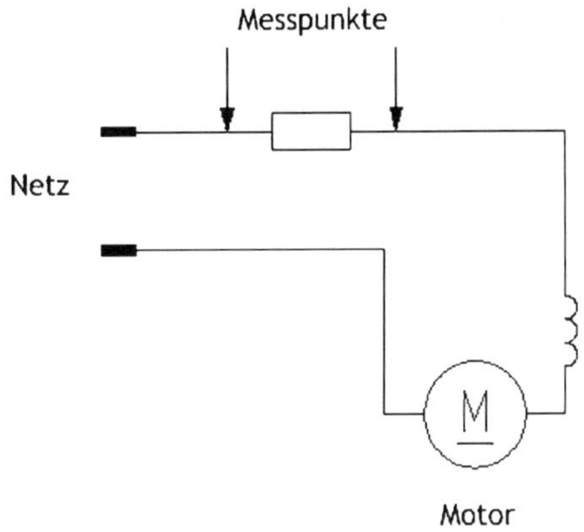

Bild 6.10: Prinzipschaltung einer Messung bei Netzspannung

Wenn Sie den Spannungspegel messen, nutzen Sie in erster Linie ein geeignetes Multimeter (zuerst Wechselspannungsmessbereich etwa 250 V). Liegt das Messsignal schließlich an, schalten Sie auf einen passenden Messbereich zurück. Besonders wichtig ist der Einsatz geeigneter Anschlussleitungen. Diese müssen so isoliert sein, dass Netzspannung damit gefahrlos übertragen werden kann. Lesen Sie dazu in der Bedienungsanleitung Ihres Multimeters nach. Gehen Sie am besten folgendermaßen vor:

- zu untersuchendes Gerät vom Netz trennen
- Messleitungen des Multimeters anschließen
- Gerät ans Netz schalten
- Spannungswert am Multimeter ablesen
- Gerät vom Netz trennen
- Messleitungen abklemmen

Gerade im vorliegenden Beispiel könnte eine solche Spannungsmessung problematisch sein. Die mögliche induktive Last des Motors kann unter Umständen zu kurzzeitigen Spannungsspitzen führen, die mit einem Multimeter nicht korrekt erfasst werden können.

Klarheit bringt die Untersuchung des Signals mit einem Oszilloskop. Oszilloskope sind geerdete Messgeräte. Sie können sich nie darauf verlassen, dass der Masseanschluss des Tastkopfs eventuell doch nicht mit Erde verbunden ist. Direkt sollte also ein Oszilloskop nicht angeschlossen werden. Sie haben zwei Möglichkeiten für den korrekten Geräteanschluss.

1. Sie benutzen den Modus Differenzspannungsmessung (mathematische Funktion: Addition oder Subtraktion) Ihres Oszilloskops. Vergewissern Sie sich zuerst im Handbuch, ob das Oszilloskop inklusive der Tastköpfe für Spannungen in Höhe der Netzspannung zugelassen ist. Benutzt werden beide Kanäle. Die beiden Tastköpfe werden so wie in Bild 6.11 gezeigt angeschlossen. Die Verstärkung der beiden Oszilloskopkanäle muss per Hand so exakt wie möglich auf den gleichen Wert ein-

gestellt werden. Nur die Spitzen gehen jeweils zu den Messpunkten, die Masseverbindungen der beiden Tastköpfe werden nur miteinander verbunden und berühren an keiner Stelle die zu untersuchende Schaltung. Bei schaltbaren Tastköpfen wählen Sie die Abschwächung 1:10. Bild 6.12 zeigt einen geeigneten Tastkopf. Am Oszilloskop erscheint die Signalform in Form der Spannungsdifferenz zwischen den beiden Anschlusspunkten. Das An- und Abklemmen der Tastköpfe erfolgt wieder in der oben beschriebenen Form, also immer bei Spannungsfreiheit!

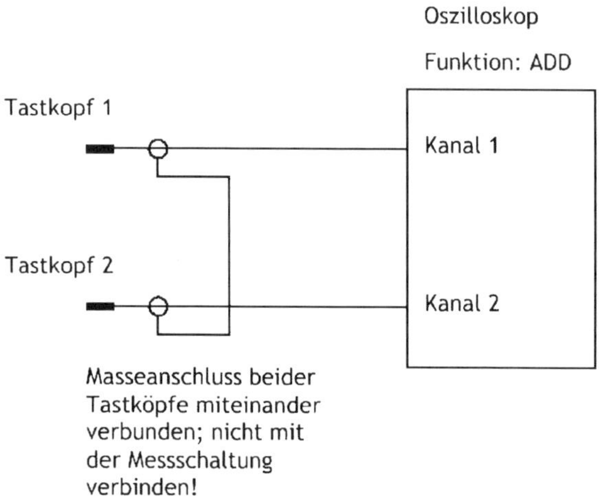

Bild 6.11: Prinzipschaltung einer Differenzmessung mit DSO

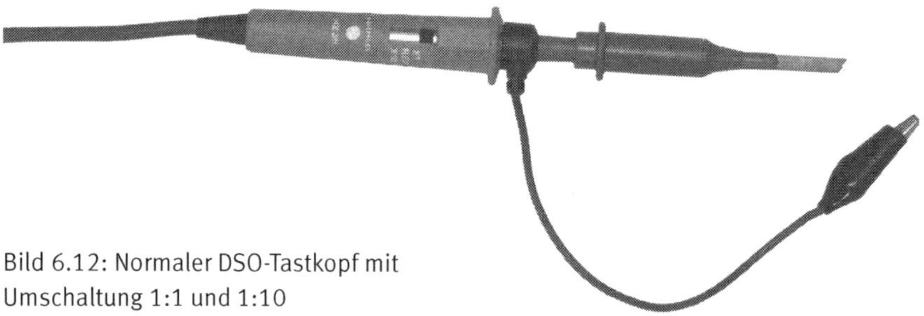

Bild 6.12: Normaler DSO-Tastkopf mit Umschaltung 1:1 und 1:10

2. Sie benutzen einen speziellen Tastkopf, einen sogenannten *Differenzialtastkopf*. Bild 6.13 zeigt das Schaltbild eines 1:1-Differenzialtastkopfs. Die Schaltung ist so ausgelegt, dass nur die Spannungsdifferenz zwischen den beiden Eingängen weiter verstärkt wird. Ein Signal, das an beiden Eingängen gleichphasig anliegt – selbst wenn es die Höhe des eigentlichen Nutzsignals um ein Vielfaches übersteigt –, wird unterdrückt. Überlagerte, störende Brummspannung kann so vollständig ausgeblendet werden. Im vorliegenden Fall hilft diese potenzialfreie Messmethode, die überlagerte hohe Netzspannung zu unterdrücken.

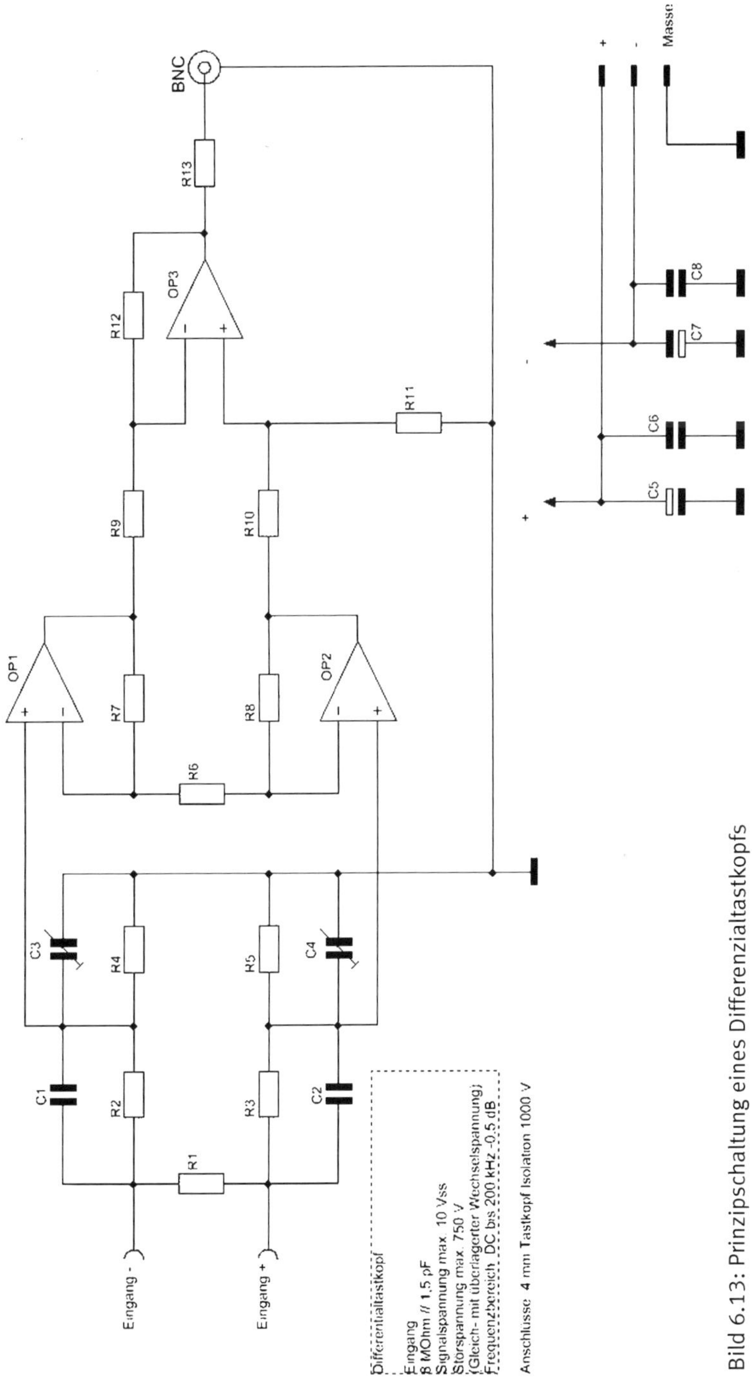

Bild 6.13: Prinzipschaltung eines Differenzialtastkopfs

Ein Differenzialtastkopf belegt nur einen Kanal am Oszilloskop und erlaubt trotzdem potenzialfreie Messungen. Im Gegensatz zur 1. Möglichkeit steht der zweite Kanal für weitere Messzwecke zur Verfügung. Der sorgfältige Verstärkungsabgleich der beiden Kanäle muss zudem nicht per Hand am Oszilloskop vorgenommen werden, sondern ist bereits in der Elektronik des Differenzialtastkopfs sichergestellt. Zu hochwertigen DSO gibt es vom jeweiligen Hersteller spezielle Differenzialtastköpfe, die nur zu diesem DSO passen und darüber auch mit den nötigen Betriebsspannungen versorgt werden. Allgemein verwendbare Differenzialtastköpfe können an jedes DSO angeschlossen werden, benötigen dafür aber eine eigene Stromversorgung. Üblicherweise schwächen diese Differenzialtastköpfe das Messsignal um den Faktor 10 bis 100. Auch der nutzbare Frequenzbereich liegt in der Regel deutlich unter dem des DSO.

Wer häufig potenzialfrei messen möchte, kommt um die Anschaffung – oder gegebenenfalls den Eigenbau – eines nicht gerade billigen Differenzialtastkopfs nicht herum. Selbstbau empfiehlt sich aber nur dann, wenn Sie in der Lage sind, die Schaltung netzspannungssicher aufzubauen.

7 Digitalschaltungen

Digitale Elektronik erfasst immer mehr Bereiche der Elektronik – kein Wunder, dass sich deshalb für dieses Gebiet eine ganz eigene Messgerätewelt aufgetan hat. Jede Anwendung – Digitalfunk, Mobiltelefonie, Computer, DVD usw. – verlangt speziell auf sie abgestimmte Messgeräte. Unterschiedliche Taktraten und Protokolle sorgen für erhebliche Komplexität.

Einfach wird es immer dann, wenn nur statische Digitalpegel überprüft werden müssen. Deshalb wird im Folgenden ein entsprechender Pegelindikator gebaut.

7.1 Experiment 23: Digitalpegelindikator selbst gebaut

Ein Digital-IC erkennt am Eingang ein Signal größer etwa +2 V als *high* (oder 1). Alles, was unter etwa +0,8 V liegt, zählt als *low* (oder 0). Der Zustand dazwischen ist undefiniert. Damit ist die Aufgabe für den statischen Pegelindikator klar:

- Spannungen größer etwa 2 V als *high* anzeigen
- Spannungen kleiner etwa 0,8 V als *low* anzeigen

Als Anzeige wird eine LED verwendet.

- LED ein = high
- LED aus = low

Bild 7.1 zeigt das einfache Schaltbild des Digitalpegelindikators. Über einen Widerstand und die in Reihe geschaltete Si-Diode D1 erreicht das Signal die Basis von T1. Dieser schaltet durch, wenn das Digitalsignal größer als etwa 2 V wird. Dann leuchtet die LED auf, der Serienwiderstand begrenzt den Diodenstrom auf maximal 8 mA.

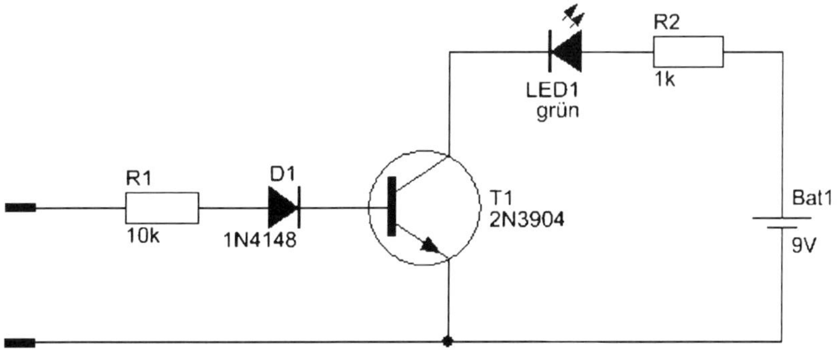

Bild 7.1: Schaltbild eines digitalen Pegelindikators

Den fertig aufgebauten Digitalpegelindikator sehen Sie in Bild 7.2.

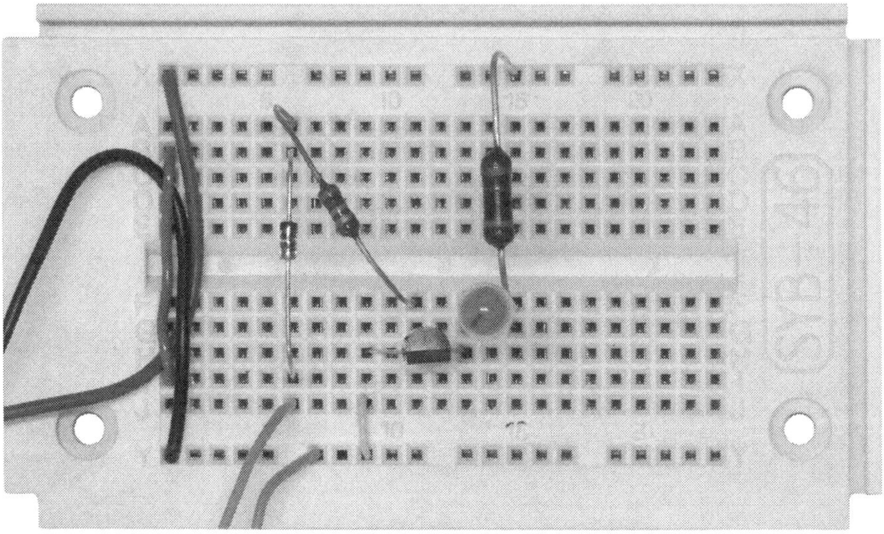

Bild 7.2: Fertig aufgebauter Pegelindikator

Wenn Sie diesen kleinen Tester öfter benötigen, ist es sinnvoll, die Schaltung fest aufzubauen und in einem kleinen Gehäuse unterzubringen. Der geringe Stromverbrauch belastet die Batterie kaum, sodass ein eigenes Netzteil nicht unbedingt notwendig ist. Häufig liegt aber in der Bastelkiste bereits ein kleines 9-V-Steckernetzteil herum. In diesem Fall spricht nichts dagegen, den Digitalpegelindikator damit zu betreiben.

Gegebenenfalls wollen Sie ja nicht nur ein einziges statisches Digitalsignal überprüfen, sondern mehrere Signale. Dann bauen Sie sich einen Tester, der obige Schaltung entsprechend öfter enthält, z. B. acht Mal. So können Sie acht Pegel gleichzeitig überwachen und anzeigen.

7.2 Experiment 24: Fehlersuche bei statischen Digitalsignalen

Seit über 30 Jahren ist die Standard-Digital-Bausteinfamilie *TTL 74xx* auf dem Markt. In vielen nicht batteriebetriebenen Geräten sind ICs dieser Familie anzutreffen.

So einfach die Schaltung des Digitalpegelindikators ist, so einfach ist die Anwendung. Verbinden Sie den Eingang der Schaltung mit einem für Gleichstrom durchgängigen Tastkopf und kontaktieren Sie mit der Tastspitze die gewünschte Schaltungsstelle. Vergessen Sie nicht die Masseverbindung zur Schaltung.

Leuchtet die LED, ist der Zustand *high*, bleibt sie dunkel, ist der Zustand *low*. Der Eingang des Digitalpegelindikators belastet die Schaltung nur geringfügig. Dennoch ist eventuell bei CMOS-Schaltungen Vorsicht geboten. Um hier immer auf der sicheren Seite zu sein, sollten Sie einen Digitalpegelindikator mit einem FET-Transistor statt einem bipolaren Transistor bauen.

Wechselt der Pegel seinen Zustand mit nur geringer Frequenz – bis etwa 5 Hz –, kann der korrekte Zustand an der deutlich flackernden LED abgelesen werden. Höhere Frequenzen oder eine genauere Untersuchung des zeitlichen Geschehens sind mit der einfachen Schaltung nicht möglich.

Profis nutzen dafür einen Logikanalysator. Wer viel mit dynamischen Digitalschaltungen zu tun hat und dort Fehlersuche betreiben muss, sollte sich einen möglichst guten Logikanalysator zulegen. Das spart viel Zeit und Ärger. In Bild 7.3 sehen Sie das Display eines Mehrkanal-Logikanalysators. Damit stehen Ihnen vielfältige Triggermöglichkeiten zur Verfügung und der zeitliche Pegelverlauf für 8, 16 oder auch wesentlich mehr Kanäle kann aufgezeichnet und gespeichert werden.

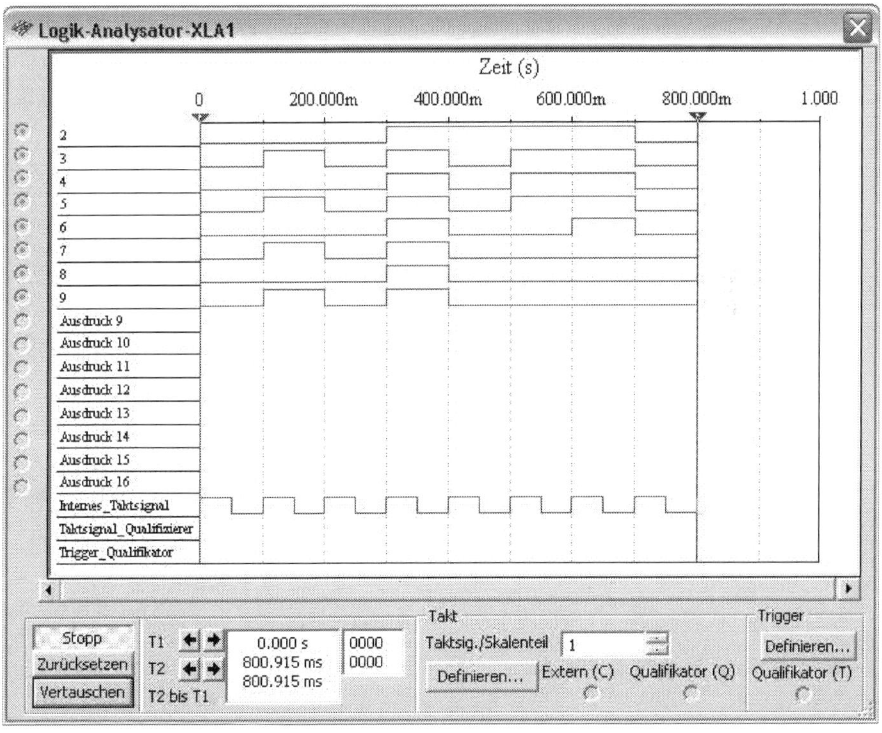

Bild 7.3: Display eines Logikanalysators

Nur einen auf Dauer nicht befriedigenden Kompromiss stellen DSOs mit in der Regel 16 Logikkanälen dar. Das größte Manko ist das für diese Anwendung zu kleine Display.

Im Zweifel müssen Sie dennoch nicht sofort zu einem speziellen Logikanalysator greifen. Wenn Sie diese Prüffunktion nur selten benötigen und nicht gerade an hochkomplexen Digitalprojekten arbeiten, genügt erst einmal auch ein gutes digitales Oszilloskop zur Überprüfung dynamischer Digitalsignale.

7.3 Experiment 25: Fehlersuche bei dynamischen Digitalsignalen

Mit einem 4-Kanal-DSO können Sie immerhin bereits vier Digitalpegel dynamisch überprüfen. Für jeweils vier Digitalsignale reicht die Größe des DSO-Displays auch gut aus. Die ständig zunehmende Speichertiefe preiswerter DSOs ermöglicht die Signalverfolgung auch bei höherer Taktrate über einen längeren Zeitraum, also über viele Hunderte und Tausende von Zyklen. Das Messprotokoll kann anschließend in Ruhe ausgewertet werden.

Zur Demonstration wird im folgenden Beispiel nur ein Kanal benutzt. Defekte ICs im Bereich TTL zeigen sich meist darin, dass an den genutzten Ausgängen kein dynamisches Signal mehr erscheint, das kann bereits mit dem einfachen Digitalpegelindika-

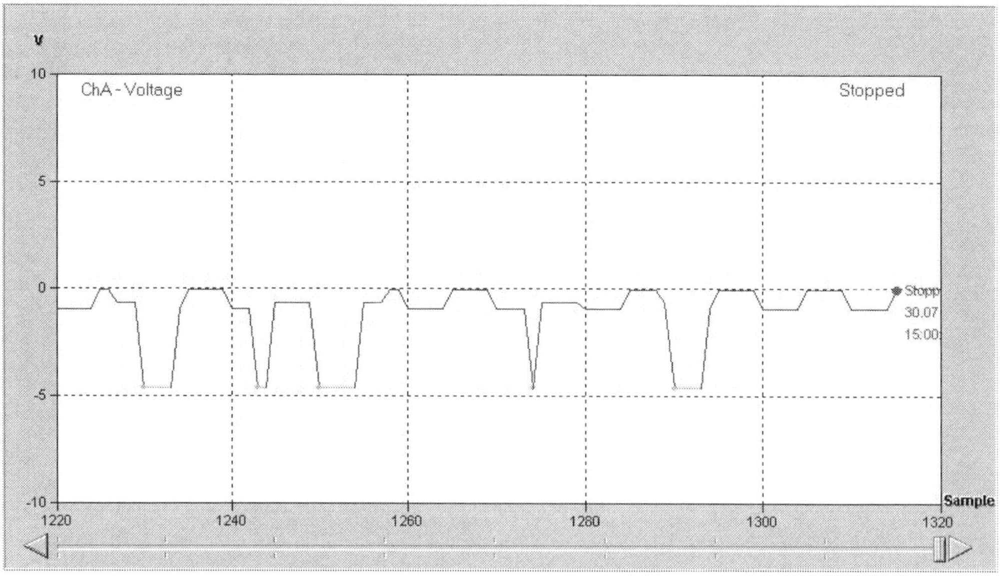

Bild 7.4: Display eines einfachen Datenloggers

tor festgestellt werden. Ähnlich wie beim Rundfunkempfänger gilt es auch hier, sich systematisch von Digitalstufe zu Digitalstufe durchzuarbeiten. Solange die korrekten Signale vorhanden sind, ist alles in Ordnung. Fehlen die Digitalsignale am Ausgang einer Digitalstufe, ist der Übeltäter gefunden. Dabei hilft oft auch ein Protokoll mit dem DSO. Bild 7.4 zeigt eine entsprechende Aufzeichnung mit dem DSO. Ob die Pulsfolge brauchbar ist, kann nur im Kontext der zugehörigen Schaltung beurteilt werden. Zumindest die geforderten Pegel (invertiert dargestellt) werden eingehalten.

Nicht selten liegt das Problem bereits am Taktgenerator. Unsauberkeiten an dieser Stelle können unvorhersehbare Fehlfunktionen irgendwo in der Schaltung hervorrufen. Schließen Sie deshalb das DSO an den Ausgang des Taktgenerators. Liegt dessen Arbeitsfrequenz höher als 10 MHz, benutzen Sie einen Tastkopf mit 1:10-Abschwächung, andernfalls ist die kapazitive Belastung der Schaltung durch den Tastkopf zu groß. Taktsignale bis zu dieser Frequenz zeigen noch saubere Rechteckform (Bild 7.5). Spätestens ab 100 MHz Taktrate muss die Ankopplung des Tastkopfs sehr vorsichtig erfolgen. Ansonsten leidet die Flankensteilheit und teilweise auch die Amplitude darunter. Bild 7.6 zeigt ein Taktsignal bei 100 MHz Taktrate. Die Rechteckform beginnt bereits, sich in Richtung Sinusform zu bewegen.

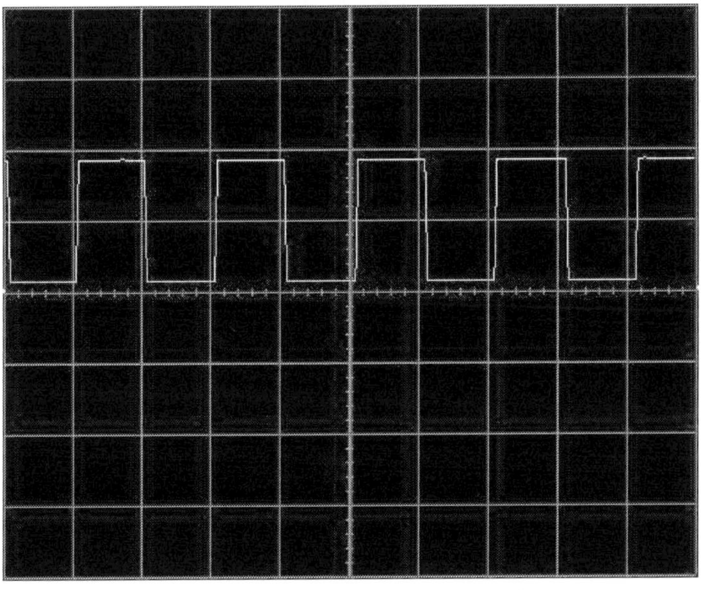

Bild 7.5: Signalform eines TTL-Signals bei 10 MHz Taktrate

Auch bei Digitalschaltungen werden (neben Keramik- und Elektrolytkondensatoren) gern Tantalkondensatoren zur Spannungsberuhigung an den Stromversorgungsanschlüssen kritischer ICs eingesetzt. Ein Ausfall dieser Kondensatoren kommt immer wieder vor. Überprüfen Sie sie deshalb gegebenenfalls.

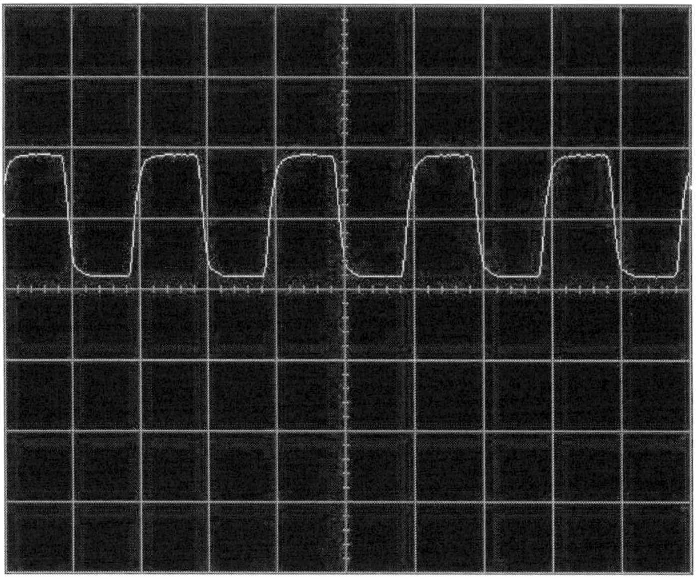

Bild 7.6: Signalform eines TTL-Signals bei 100 MHz Taktrate

Netzteile für moderne Digitalschaltungen müssen nicht nur mehrere Versorgungsspannungen unterschiedlicher Höhe und Polarität bereitstellen, sie müssen vor allem in der Lage sein, sehr schnelle und ausgeprägte Lastschwankungen (im Bereich Mikro- und Nanosekunden) zu verkraften. Dazu werden entsprechende Elektrolytkondensatoren eingesetzt, die extrem hohen (kurzzeitigen) Strombelastungen ausgesetzt werden. Es erstaunt nicht, dass auch diese Bauteile dazu neigen, auszufallen.

8 Standardmessmittel

Die meisten Haushalte verfügen in unseren Tagen über ein Multimeter, in der Regel mit digitaler Anzeige. Die Preisspanne reicht von unter 10 € bis über 500 €. Über welche Funktionen sollte ein Multimeter verfügen, damit es bei der Fehlersuche gut verwendbar ist? Wann lohnt sich die Anschaffung eines digitalen Oszilloskops, welche Funktionen sind wichtig?

8.1 Praktikum 2: Multimeter in der Praxis

Immer mehr Multimeter erscheinen am Markt, die neben den (früher allein üblichen) Funktionen Spannungsmessung, Strommessung und Widerstandsmessung noch über eine ganze Reihe weiterer Funktionen verfügen. Welche dieser Zusatzfunktionen helfen Ihnen bei der Fehlersuche an elektronischen Schaltungen wirklich weiter, und welche Funktionen sind besser in einem eigenen Messgerät aufgehoben?

Die beiden wichtigsten Kriterien für ein Multimeter im Bereich Service sind Sicherheit und Zuverlässigkeit. Das Gerät inklusive Anschlussleitungen muss Netzspannungen sicher verkraften.

Die Anschlussleitungen haben meist nur Messspitzen. Für Signale mit kleiner Spannung lässt sich damit gut leben. Höhere Spannungen sollte man so nicht abgreifen. Eine isolierte Klemmprüfspitze ist wesentlich besser geeignet. Sie bietet sicheren Kontakt, ein Abrutschen ist ausgeschlossen.

Wichtig ist auch, dass die Strommessbereiche mittels Feinsicherung (oder selbstheilender Sicherung) abgesichert sind.

In jedem Fall sollten Sie sich angewöhnen, das Multimeter vor dem Anschluss an die Messpunkte jeweils in den höchsten Messbereich zu schalten und von dort anschließenden schrittweise zurück bis zum passenden Bereich. Multimeter mit automatischer Bereichswahl machen dies von sich aus.

Bild 8.1 zeigt ein einfaches Multimeter mit manueller, Bild 8.2 ein Multimeter mit automatischer Bereichswahl. Letzteres kann auch mit Standardakkus der Größe AA betrieben werden. Das externe Netzgerät kann sowohl für den normalen Betrieb als auch zum Laden der Akkus verwendet werden. Im täglichen Einsatz zeigt sich oft der Nutzen dieser Lösung. Die Akkus sind nämlich meist gerade dann leer, wenn man dringend eine wichtige Messung durchführen muss.

Bild 8.1: Einfaches und praktisches Multimeter

Bild 8.2: Aufwendiges Multimeter

Unverzichtbar für die Fehlersuche in elektronischen Schaltungen sind folgende Messbereiche:

- Gleichspannung
- Wechselspannung
- Gleichstrom
- Wechselstrom
- Widerstand und Diodenmessung

Damit können in jedem Fall Signale mit einer Frequenz im Bereich der Netzfrequenz gemessen werden.

Praktisch sind Multimeter, die Spannungsmessungen mit Frequenzen bis 1 kHz oder darüber hinaus zulassen. Dann sollte die Anzeige als Effektivwert (true rms) auch bei nicht exakt sinusförmigen Signalen erfolgen. So können Sie bei NF-Signalen die Amplitude korrekt messen, auch wenn es sich um Musik- oder Sprachsignale handelt.

Der praktische Nutzen weiterer Funktionen Ihres Multimeters hängt davon ab, welche Messungen Sie wie oft durchführen müssen. Wenig sinnvoll erscheinen die Funktionen Frequenz- und Kapazitätsmessung. Bei komplexer Signalform ist eine zuverlässige Frequenzmessung eher schwierig, nur bei einem Oszilloskop mit entsprechender Cursormessung erhalten Sie zuverlässige Aussagen dazu.

In der Praxis reicht es auch nicht, nur Kondensatoren messen zu können. Genauso wichtig sind Induktivitäten. Auf Dauer kommen Sie deshalb um die Anschaffung eines guten (separaten) LCR-Messgeräts nicht herum. Dann stehen Ihnen auch mindestens 2 oder mehr Messfrequenzen (z. B. 120 Hz und 1 kHz oder 10 kHz) zur Verfügung. Dies ist besonders bei der Induktivitätsmessung wichtig, da die gemessene Induktivität stark vom Material des verwendeten Kerns abhängen kann. Steht nur eine Messfrequenz zur Verfügung, fehlt jeder Hinweis auf eine eventuell vorhandene Frequenzabhängigkeit. Inwieweit der angezeigte Induktivitätswert dann der Realität entspricht, kann deshalb nicht beurteilt werden.

Der Wert weiterer Zusatzfunktionen (KFZ-Messungen, Feuchte-, Temperatur- und Lichtintensitätsmessungen, Schallpegelmessungen, Isolationsmessungen, Datalogger usw.) hängt stark davon ab, welche Messsituationen Sie wie oft meistern müssen.

Während ein portables Multimeter zur Grundausstattung gehört, ist ein netzbetriebenes Multimeter nicht unbedingt notwendig. Praktisch sind Labormultimeter allerdings immer dann, wenn Geräte häufig am heimischen Arbeitsplatz repariert werden. Ihre stabilere Konstruktion liefert dauerhaft zuverlässige Ergebnisse, der Betrieb am Netz trägt zur Stabilität bei. In der Regel liefern sie für Wechselspannung und -strom echte Effektivwerte, auch bei nicht sinusförmigen Signalen.

Bild 8.3 zeigt ein zuverlässiges Labormultimeter der 300-€-Preisklasse. Das Gehäuse (Front etwa 24 cm mal 10 cm, Tiefe 30 cm) ist kompakt. Ein helles grün leuchtendes Display ermöglicht ein schnelles und sicheres Ablesen des Messwerts. Insbesondere beim Abgleich analoger Geräte hilft die zusätzliche quasianaloge Darstellung in Form einer Balkenanzeige. Damit kommen Sie auch mit leicht schwankenden Signalen gut zurecht. Ebenso praktisch ist (z. B. beim Abgleich von Bandfiltern) die damit gegebene leichte Erkennbarkeit von Pegeltendenzen. Praktisch ist auch die zusätzliche digitale Anzeige des während des laufenden Messganges erzielten Minimums oder Maximums.

In den Grundfunktionen werden bei einer 4½-stelligen Anzeige folgende Werte erzielt:

- Spannung 200 mV bis 1.000 V, maximale Auflösung 10 µV
- Strom 2 mA bis 20 A, maximale Auflösung 10 µA
- Anzeige absolut oder logarithmisch (dB)
- Frequenzbereich Spannungs-/Strommessung 40 Hz bis 10 kHz
- echte Effektivwertanzeige
- alle Messbereiche gegen Überlastung gesichert
- Widerstand 200 Ω bis 20 MΩ, maximale Auflösung 0,01Ω

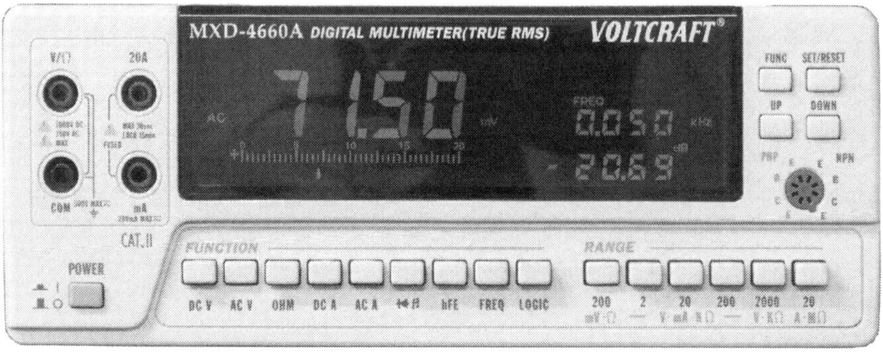

Bild 8.3: Hochwertiges Labormultimeter

In der Praxis besonders wertvoll (bei der Überprüfung von Transistoren) sind die zusätzlichen Funktionen *Diodentest* und *Transistortest*. Mit der ersten Funktion bestimmen Sie die Anschlussbelegung des Transistors, die Leistungsklasse sowie die Schwellenspannung (siehe Experiment 21). Mit dem Transistortest erhalten Sie Auskunft über die (statische) Stromverstärkung im Bereich von 0 bis 1.000.

In Einzelfällen leistet auch der eingebaute Frequenzzähler, der bis 20 MHz funktioniert und eine maximale Auflösung von 1 Hz bietet, gute Dienste. Liegen nämlich ausreichend definierte Signalformen vor (z. B. Taktgeneratoren, Sinusgeneratoren usw.) ist das angezeigte Ergebnis auch aussagekräftig und verwertbar. Bei komplexeren Signalformen kann nur mithilfe eines Digitaloszilloskops der korrekte Frequenzwert ermittelt werden.

Sollen besonders hohe Ströme gemessen werden, bietet sich der Einsatz einer Stromzange an. Der Strom führende Leiter muss vereinzelt vorliegen (also keine Zwillings- oder bei Drehstrom Drillingsleitung), sodass mit der Stromzange dessen Magnetfeld abgegriffen werden kann. Bild 8.4 zeigt eine Ausführung, die für Stromstärken bis 200 A (1.000 A) geeignet ist.

Bild 8.4: Stromzange für hohe Ströme

8.2 Praktikum 3: Digitale Oszilloskope (DSO) in der Praxis

Wenn Sie sich (wenn auch nur hobbymäßig) gern mit Elektronik beschäftigen, kommen Sie nicht umhin, sich früher oder später ein passendes Oszilloskop anzuschaffen. Die Preisspanne reicht hier von rund 200 € bis über 5.000 €. Aber welche Funktionen brauchen Sie bei der Fehlersuche und auf welche kostspieligen Zusatzfunktionen können Sie verzichten?

Neben digitalen Oszilloskopen gibt es nach wie vor analoge. Das Signal wird in diesem Fall in Echtzeit auf dem Schirm abgebildet. Stimmt der Frequenzgang der Kanalverstärker, ist eine Verfälschung in der Darstellung des Signals ausgeschlossen. Die Anzeige erfolgt unmittelbar ohne jede Verzögerung.

Digitale Oszilloskope hingegen benötigen jede Menge Zeit, um das Signal erst zu digitalisieren, für das Display vorzubereiten und dann anzuzeigen. Andererseits sind nur digitale Oszilloskope in der Lage, langsam ablaufende Signale als durchgezogene Kurve darzustellen. Aufgrund besonderer Umstände bei der Digitalisierung kann die angezeigte Signalform (bei hohen Frequenzen) ganz erheblich von der tatsächlichen Form abweichen.

Ideal ist deshalb ein Oszilloskop, das beide Funktionen in sich vereint. Leider sind derartige Geräte inzwischen aber sehr teuer und nur noch im professionellen Umfeld anzutreffen.

Bild 8.5 zeigt ein älteres Analog-/Digitaloszilloskop, das sich für die Fehlersuche sehr gut eignet. Falls gewünscht, ermöglicht der standardmäßig vorhandene Plotter-/Druckeranschluss eine Kopie des Displays. Unterstützt wird die Plottersyntax HP-GL, ideal sind Plotter des weit verbreiteten und nunmehr gebraucht extrem günstig erhältlichen Typs HP 7475 und kompatibler Geräte. Über die serielle Schnittstelle (RS-232-C) können die Daten auch auf den PC übertragen und dort aufbereitet werden. Die Bilder 8.6 bis 8.8 zeigen einige Beispiele. Für die Signale und Beschriftungen können

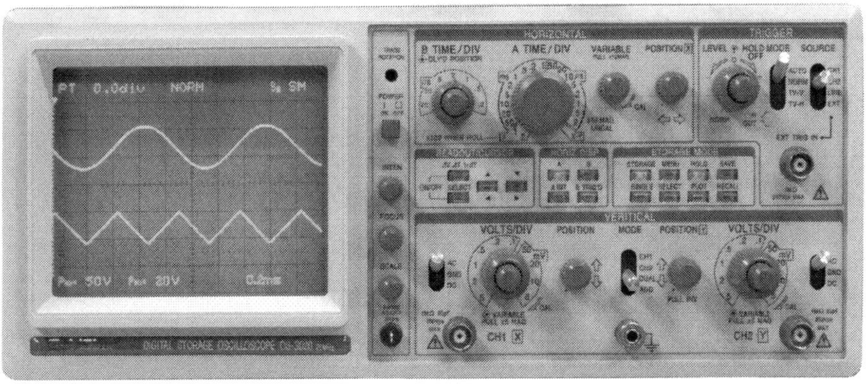

Bild 8.5: Praktisches Analog-/Digital-Oszilloskop

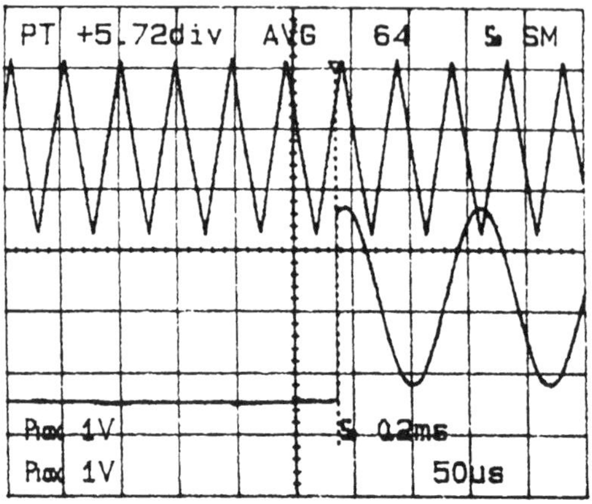

Bild 8.6: Hardcopy des Analog-/Digital-Oszilloskops (Beispiel 1)

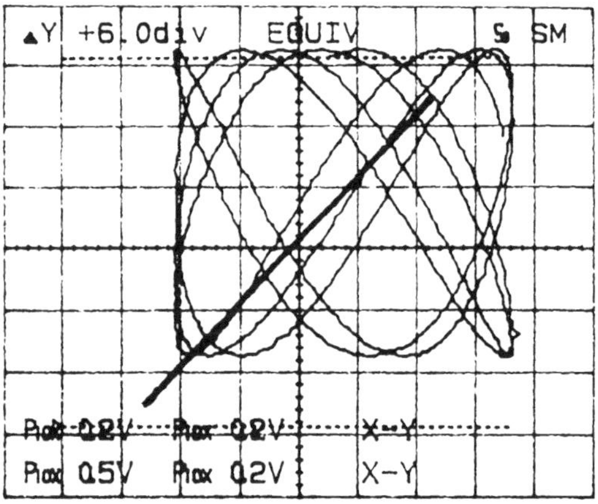

Bild 8.7: Hardcopy des Analog-/Digital-Oszilloskops (Beispiel 2)

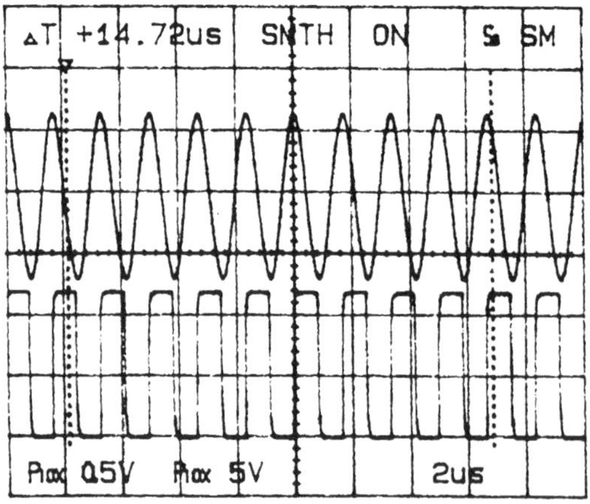

Bild 8.8: Hardcopy des Analog-/Digital-Oszilloskops (Beispiel 3)

verschiedene Stiftfarben gewählt werden. Auch wenn das Ergebnis nicht so attraktiv wie bei modernen Hardcopys aussieht, der Informationsgehalt ist der gleiche.

In den meisten Fällen genügt für die Fehlersuche aber auch ein gutes analoges Oszilloskop (Bild 8.9).

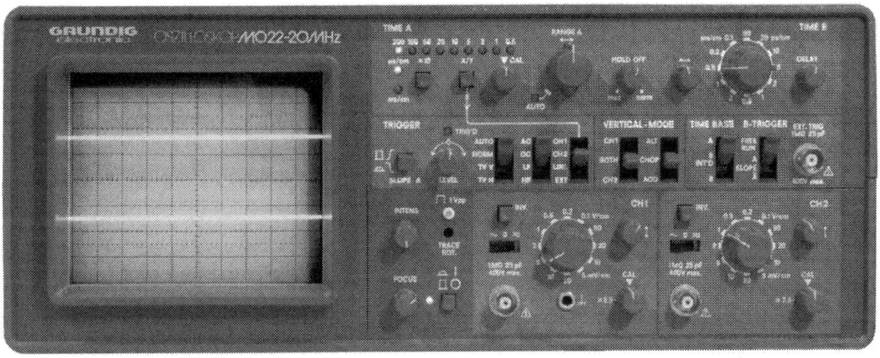

Bild 8.9: Hochwertiges Analog-Oszilloskop

Der allgemeinen Digitalisierungstendenz können sich aber auch Oszilloskope nicht entziehen. Deshalb sind preislich erschwingliche neue Geräte nur mehr in dieser Ausführung erhältlich. Im Wesentlichen gibt es zwei Ausführungen:

- USB-Oszilloskope
- Stand-alone-Digitaloszilloskope

Im Folgenden wird kurz auf die bei der Fehlersuche wichtigsten Eigenschaften dieser beiden Gerätekategorien eingegangen.

Als Erstes geht es um die wesentlichen Eigenschaften eines USB-Oszilloskops der Preiskategorie 250 €. Es besteht aus einem kleinen Kästchen mit USB-Anschluss (Bild 8.10). Die Stromversorgung erfolgt über den USB-Port, ein gesondertes Netzteil ist nicht erforderlich. An der Vorderseite gibt es keine Bedienelemente, lediglich zwei BNC-Buchsen für die beiden Kanäle. Damit ist schon klar, dass fortgeschrittene Triggermöglichkeiten, die einen eigenen Triggereingang benötigen, nicht zur Verfügung stehen. Eine Software auf dem PC/Notebook zeigt das Oszilloskop-Display und die für die Steuerung benötigten Bedienelemente.

Ein USB-Oszilloskop kann nur mit einem PC/Notebook betrieben werden. In den meisten Fällen ist diese Lösung deshalb nur dann eine brauchbare Alternative, wenn am für die Fehlersuche an elektronischen Schaltungen benutzen Arbeitsplatz sowieso ein PC/Notebook vorhanden ist. Der zusätzliche Platzbedarf für Notebook oder Bildschirm am Arbeitsplatz ist andernfalls nämlich erheblich. Und wenn sich der Bildschirm nicht in einer wirklich günstig ablesbaren Position befindet, kann dies eine erfolgreiche Fehlersuche erheblich behindern wenn nicht gar komplett vereiteln.

Bild 8.10: Einfaches USB-Oszilloskop (Hardware)

Die Zeitverzögerung bei der Signaldarstellung ist erheblich und lästig.

Bei vergleichbarer Leistung kosten USB-Oszilloskope zum Teil bedeutend mehr als Stand-alone-Digitaloszilloskope. Die problemlose Erstellung von Bildschirmfotos zu Dokumentationszwecken beim USB-Oszilloskop ist inzwischen auch kein Alleinstellungsmerkmal mehr. Stand-alone-Digitaloszilloskope bieten diese Möglichkeit inzwischen in mehreren sehr praktischen Varianten auch, unter anderem direkt am Gerät mittels USB-Stick.

Bild 8.11 zeigt die Bedienoberfläche eines einfachen Einkanal-USB-Oszilloskops. Die Analogbandbreite liegt bei 5 MHz. Der Kanalverstärker arbeitet also linear im Bereich von Gleichspannung bis 5 MHz, an der oberen Frequenzgrenze ist ein Abfall von –3 dB zugelassen. Das bedeutet allerdings nicht, dass alle Signale bis 5 MHz auch wirklich realistisch dargestellt werden, wie später noch gezeigt wird. Die Echtzeit-Abtastrate beträgt 40 MS/s (Megasamples pro Sekunde, oft auch angegeben als 40 MHz). Bei 5 MHz Signalfrequenz erfasst das USB-Oszilloskop also gerade einmal acht Abtastpunkte in Echtzeit. Alle Kurvenwerte dazwischen werden von der Software interpoliert. Für periodische Signale an der oberen Frequenzgrenze sorgt laut Datenblatt die Funktion *Oversampling* dafür, dass eine Quasi-Abtastrate von 1 GS/s wirksam wird. Die Auflösung beträgt 10 bit und liegt damit über dem bei Stand-alone-Digitaloszilloskopen üblichen Standard von 8 bit.

Eine höhere Auflösung kommt insbesondere einer realistischeren Darstellung des Signalspektrums (FFT = fast fourier transformation) zugute. Theoretisch sind damit z. B. Klirrfaktoren bis herab zu Werten von etwa 0,1 % messbar. 8-bit-Digitaloszilloskope schaffen in dieser Disziplin nur Werte bis zu minimal 0,4 %.

Die Bedienung des Geräts entspricht der konventioneller Oszilloskope.

Rechts oben (Bild 8.11) wird der gewünschte Zeitablenkungskoeffizient – im Bereich von 50 ms/Div bis 50 ns/Div – eingestellt.

Im Bedienfeld darunter wählen Sie die Empfindlichkeit im Bereich von 0,1 V/Div bis 10 V/Div. Mit einer Schaltfläche kann die Eingangsempfindlichkeit um den Faktor 10

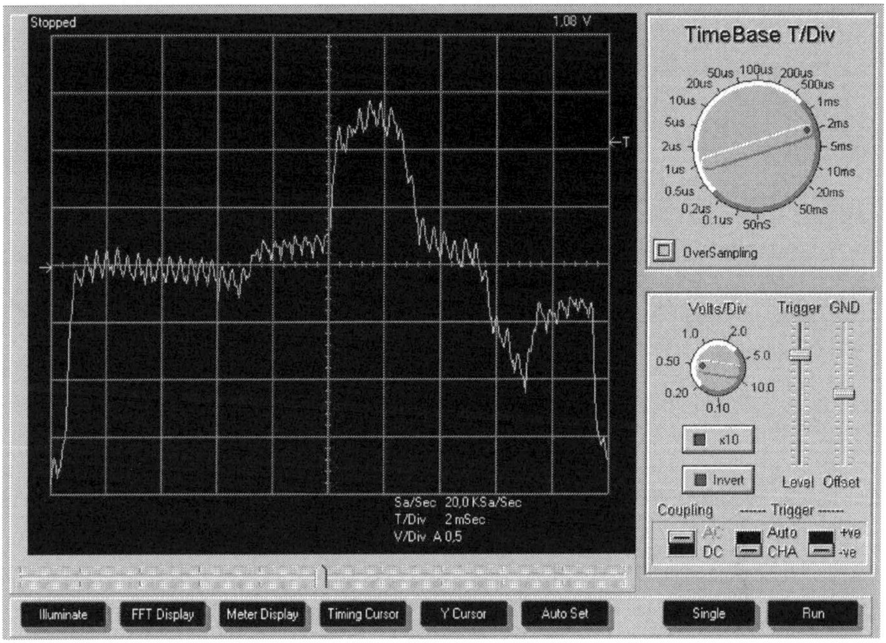

Bild 8.11: Bedienoberfläche des USB-Oszilloskops

herabgesetzt werden. Sinnvoller ist allerdings für diesen Fall die Verwendung eines Tastkopfs mit einem eingebauten Abschwächer 1:10. Dann wird nämlich gleichzeitig die kapazitive Belastung des Messpunkts um den Faktor 10 verringert, was unter Umständen für die realistische Darstellung des Signals unabdingbar ist. Dieser Punkt ist so wichtig, dass Sie sich bei der Fehlersuche generell angewöhnen sollten, einen Tastkopf mit 1:10-Abschwächung zu verwenden. Das hat den zusätzlichen Vorteil, dass auch höhere Spannungen (in der Regel bis zu 400 V und mehr) am Messpunkt dem Oszilloskop keinen Schaden zufügen können.

Mit einer Schaltfläche kann die Polarität des Signals invertiert werden. Das hilft mitunter bei der Fehlersuche, das Signal am Display so darzustellen wie gewohnt – unabhängig vom gerade gewählten Messpunkt.

In der Praxis unverzichtbar ist eine wählbare Kopplungsart für das Messsignal. Bei DC-Kopplung werden auch Gleichspannungsanteile verstärkt und angezeigt, bei AC-Kopplung entsprechend nur Wechselspannungen.

Mit einem Wahlschalter kann zwischen automatischer und manuell eingestellter Triggerung gewählt werden. Ein weiterer Wahlschalter erlaubt dabei, zwischen positiver und negativer Flanke wählen zu können. Den gewünschten Triggerpegel können Sie mittels Schieberegler einstellen. In einem eigenen Menüpunkt (Bild 8.12) kann von Flanken- auf Pulstriggerung umgeschaltet werden. Mit einem Schieberegler stellen Sie

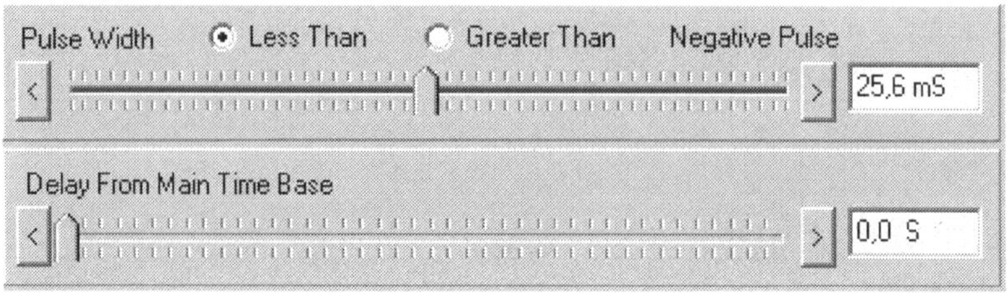

Bild 8.12: Einstellung von Trigger und verzögerter Zeitbasis beim USB-Oszilloskop

die gewünschte Pulsbreite ein. Ebenfalls mit einem Schieberegler können Sie die Zeit für eine verzögerte Auslösung der Zeitablenkung einstellen. Damit können Sie bei komplexen Signalen einzelne Signalabschnitte detailliert betrachten. Diese Funktion hilft Ihnen auch bei der Fehlersuche an Digitalschaltungen, dem Problem auf die Spur zu kommen. Getriggert vom Taktsignal kann z. B. die Signalform zu einem exakt wählbaren späteren Zeitpunkt an der Messstelle betrachtet werden.

In der Praxis besonders hilfreich ist die Funktion *Cursor*. Mit der Schaltfläche *Timing Cursor* schalten Sie zwei Cursors auf der X-Achse ein, mit der Schaltfläche *Y-Cursor* entsprechend zwei Cursors auf der Y-Achse. Mit der Maus lassen sich diese Cursors schnell positionieren. Das Interessante ist, dass die Software jetzt die entsprechenden Werte zwischen den Cursorpositionen errechnet und anzeigt. Bild 8.13 zeigt z. B. auf

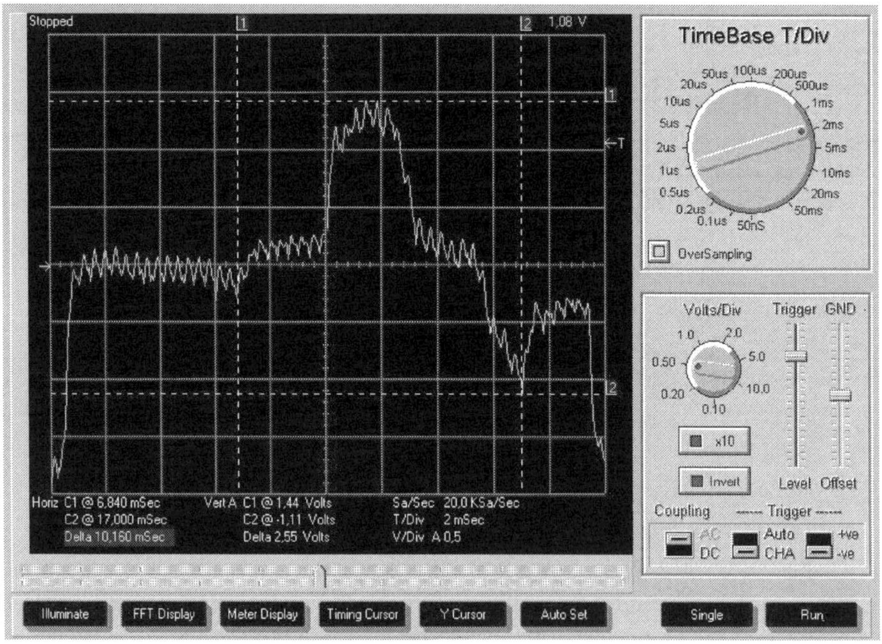

Bild 8.13: Mess-Cursor beim USB-Oszilloskop

der Zeitachse eine Differenz von 10,16 ms (entsprechend 98,4 Hz). Die Amplitude wird gemessen zu 2,55 Vss.

Das früher übliche und unvermeidliche Abzählen der Teilstriche des Displayrasters entfällt. Gerade bei der Fehlersuche ist diese Funktion sehr hilfreich.

Mit der Schaltfläche *FFT Display* aktivieren Sie die Spektraldarstellung des Signals (Bild 8.14). Dem eingestellten Zeitablenkungskoeffizienten angepasst wird die X-Achse (Frequenzachse) automatisch richtig skaliert. Weniger praxistauglich in diesem Fall ist, dass die Y-Achse (Amplitude) linear und nicht logarithmisch skaliert ist. Zwei Cursors werden standardmäßig eingeblendet. Mit ihnen können interessierende Signalspitzen angesteuert werden. Für diese Punkte werden dann *Amplitude* und *Frequenz* eingeblendet. Falls es sich dabei um eine dominierende Oberwelle handelt, kann der Klirrfaktor ganz einfach als Quotient der beiden Amplitudenwerte bestimmt werden. Gibt es mehrere starke Oberwellen, errechnet sich der Gesamtklirrfaktor folgendermaßen:

$$k_{ges} = \sqrt{\frac{U_1^2 + U_2^2 + U_3^2 + \ldots}{U_0^2 + U_1^2 + U_2^2 + U_3^2 + \ldots}} * 100$$

k_{ges} Gesamtklirrfaktor in Prozent
U_0 Amplitude Grundwelle
U_1 Amplitude erste Oberwelle
U_2 Amplitude zweite Oberwelle
U_3 Amplitude dritte Oberwelle

Die Echtzeit-Samplingrate von 40 MS/s erlaubt eine sichere Darstellung von Signalen bis zu einer Frequenz von 400 kHz (einem Hundertstel der Abtastfrequenz). Bei Sig-

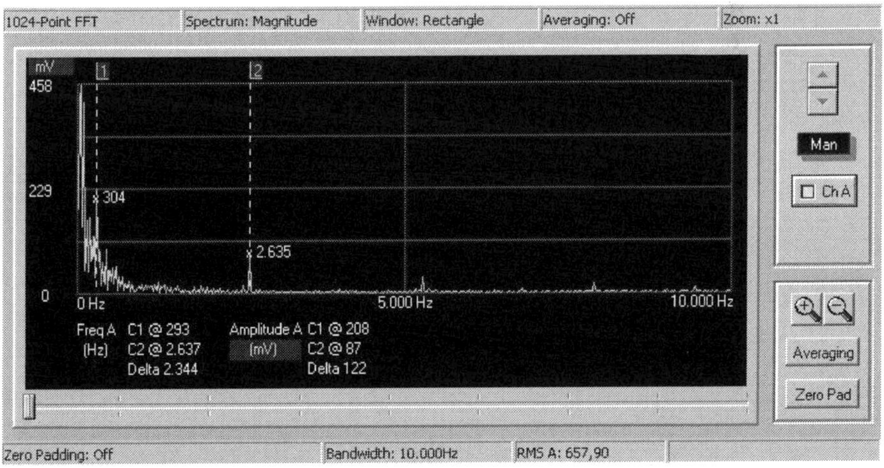

Bild 8.14: Spektraldarstellung beim USB-Oszilloskop

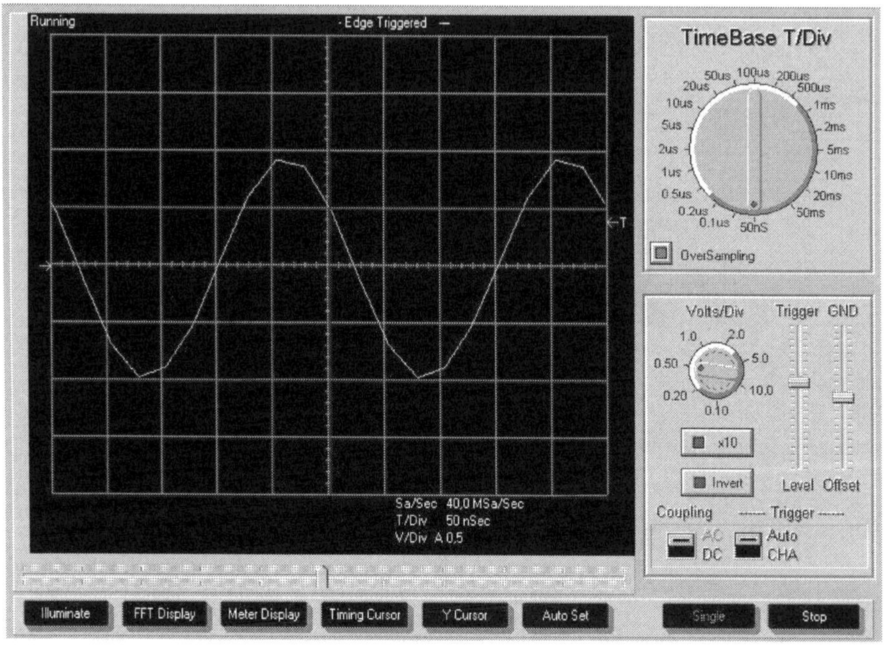

Bild 8.15: Signalform bei 4 MHz Sinus

nalen oberhalb dieser Frequenz muss mit einer zunehmenden Verfälschung in der Darstellung gerechnet werden. Selbst ein sinusförmiges Signal mit einer Frequenz von 4 MHz sieht schon deformiert aus (Bild 8.15), dabei beschönigt der Interpolationsalgorithmus diese Signalform noch sehr stark. Mit *Oversampling* gelingt wieder eine saubere Darstellung (Bild 8.16). Rechteckpulse, die bei 200 kHz Wiederholfrequenz (Bild 8.17) noch sauber wiedergegeben werden, können bei 4 MHz Wiederholfrequenz (hier addieren sich Fehler im Analog- und Digitalisierungsteil des Oszilloskops) nur mehr sehr angenähert dargestellt werden (Bild 8.18). Daran ändert auch der Trick mit *Oversampling* nicht mehr viel (Bild 8.19).

Selbstverständlich können Sie vom Oszilloskop oder vom Display mit den üblichen PC-Hilfsprogrammen problemlos Hardcopys erzeugen. Zusätzlich können Sie die numerischen Werte des digitalisierten Signals (bei 10 bit sind das 1.024 Werte) abspeichern (Bild 8.20). Das gewählte Format erlaubt es, die Werte problemlos in *Microsoft Excel* oder *OpenOffice Calc* einzulesen und dort auszuwerten (Ausschnitt in Bild 8.21).

Folgende Punkte werden in der täglichen Reparaturpraxis oft schmerzlich vermisst:

- Triggermodus Video
- Logarithmische Skalenteilung im FFT-Display
- Speichermöglichkeit unterschiedlicher Geräteeinstellungen

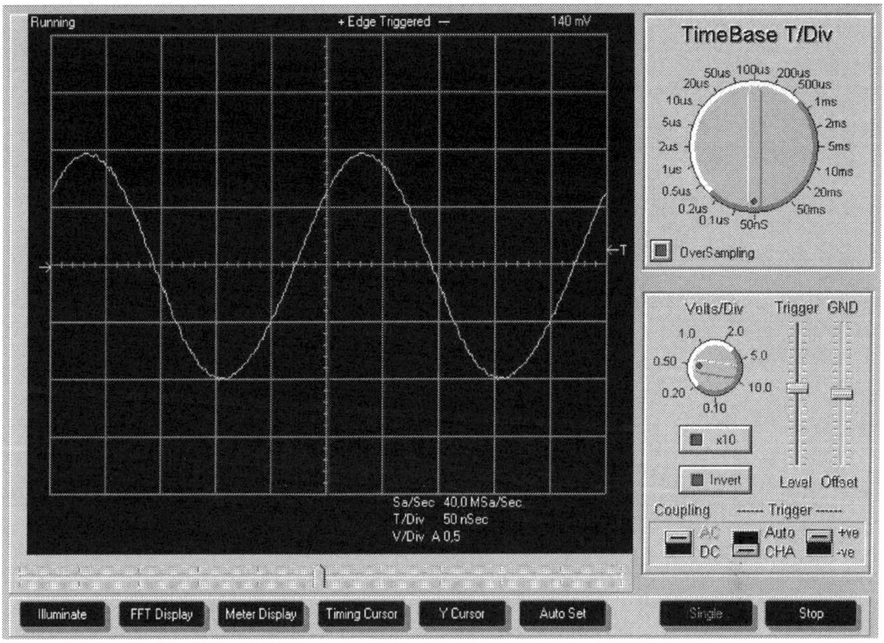

Bild 8.16: Signalform bei 4 MHz Sinus und Oversampling

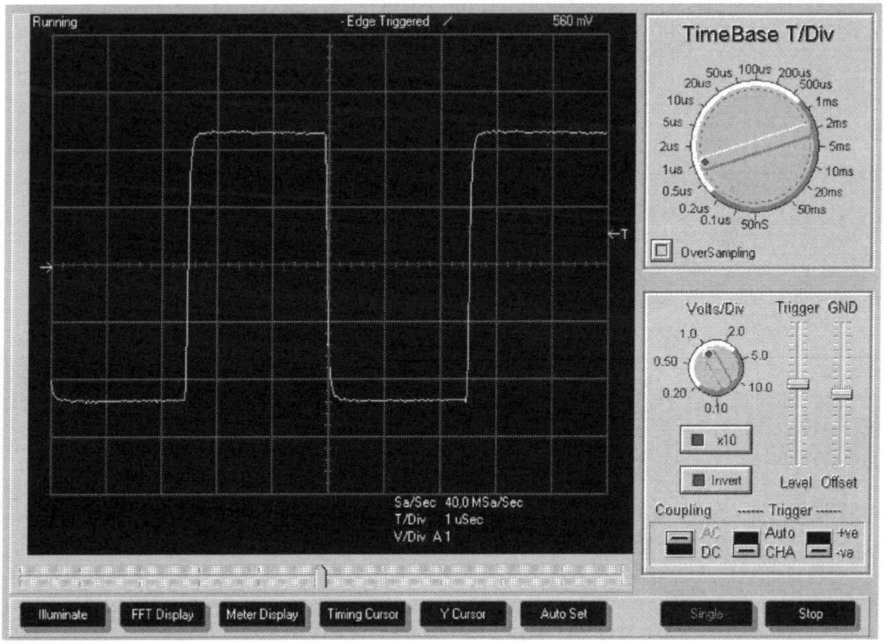

Bild 8.17: Signalform bei 200 kHz Rechteck

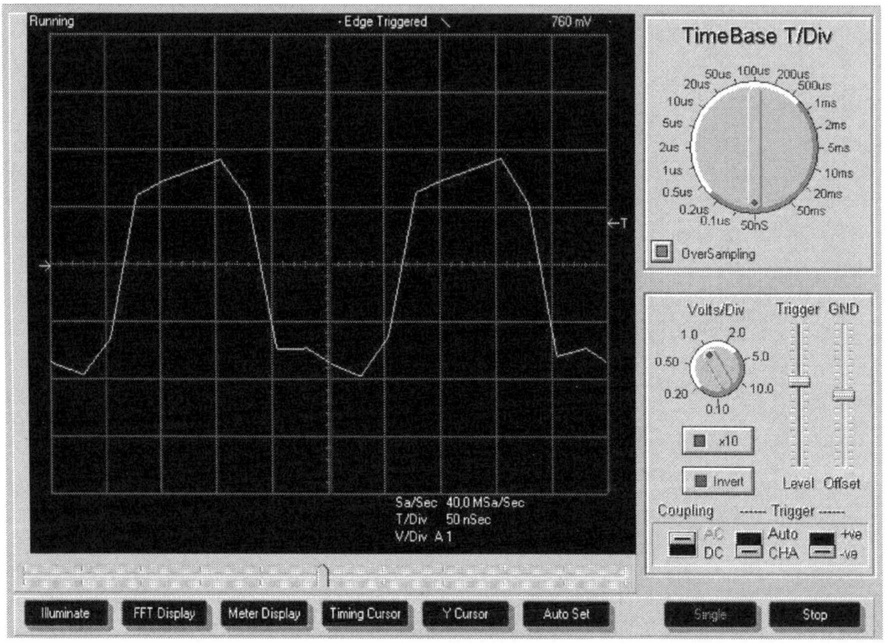

Bild 8.18: Signalform bei 4 MHz Rechteck

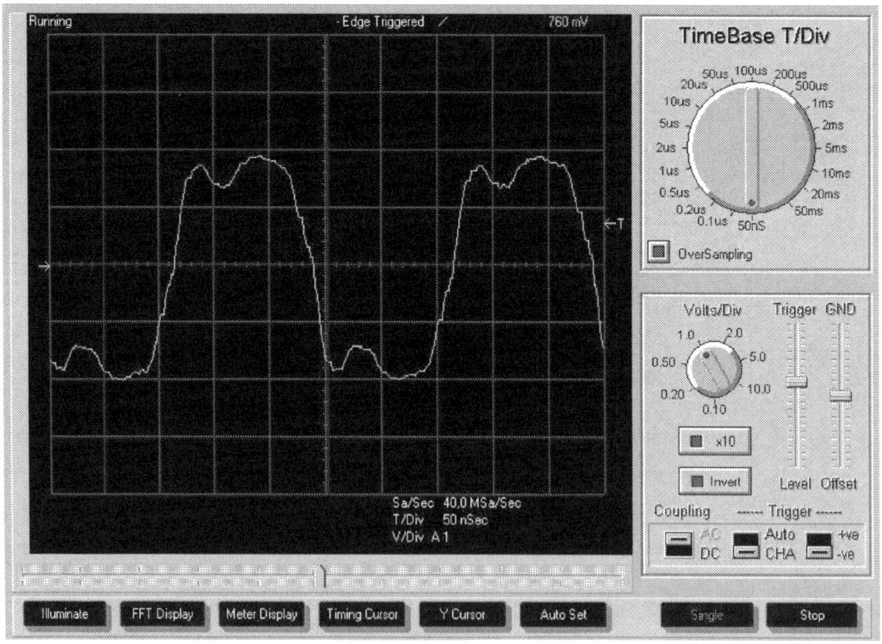

Bild 8.19: Signalform bei 4 MHz Rechteck

Bild 8.20: Menüpunkt Datenspeicherung im Format *csv*

B	C	D
-0,01		0,00
-0,13		0,00
-0,06		0,00
-0,2		0,00
-0,08		0,00
-0,04		0,00
0,11		0,00
0,03		0,00
-0,06		0,00
-0,07		0,00
-0,06		0,00
-0,18		0,00
-0,11		0,00
0,05		0,00
0,1		0,00
0		0,00
-0,06		0,00
-0,05		0,00
-0,19		0,00
-0,12		0,00
-0,02		0,00
0,06		0,00

Bild 8.21: Messdaten im Format *csv*

Insgesamt ist dieses USB-Oszilloskop sehr gut im Bereich Audio einsetzbar. In diesem Fall kann es etliche sonst getrennt zu bedienende Messgeräte (Oszilloskop, Pegelmesser, Klirrfaktormesser) ersetzen.

Aufgrund der robusten Elektronik von USB-Oszilloskopen (keine mechanisch bewegten Teile wie Potenziometer, Drehgeber, Schalter, Lüfter usw.) ist die zu erwartende Lebensdauer im Vergleich zu modernen Stand-alone-Digitaloszilloskopen sehr hoch.

Die vorgestellten Punkte treffen so mehr oder weniger auf alle USB-Oszilloskope zu.

Als Nächstes werden die wesentlichen Funktionen eines modernen Digitaloszilloskops der Einsteigerklasse vorgestellt. Ein LAN-Analysator ist nicht eingebaut, für eine sinnvolle Nutzung ist das Farbdisplay (14,5 cm Diagonale, 320 x 240 Pixel) einfach zu klein. Ein in der Industrie häufig verwendetes Digitaloszilloskop zeigt Bild 8.22.

Ein Gerät der Kategorie um 600 € verfügt typischerweise über eine Frontplatte, wie in Bild 8.23 gezeigt. Die Zahl der Drehregler und Drucktasten ist aus Kostengründen minimiert. Das bedeutet, dass die gewünschten Einstellungen nicht direkt vorgenommen werden können, wie von älteren Oszilloskopen gewohnt. Das hat zur Folge, dass die Bedienung etwas umständlicher und in jedem Fall zeitaufwendiger ist. Allerdings verfügen moderne Digitaloszilloskope auch über deutlich mehr Funktionen als ältere Geräte, sodass der realisierte Kompromiss in der Bedienung hingenommen werden muss. Die Handy-Generation hat damit ohnehin kein Problem.

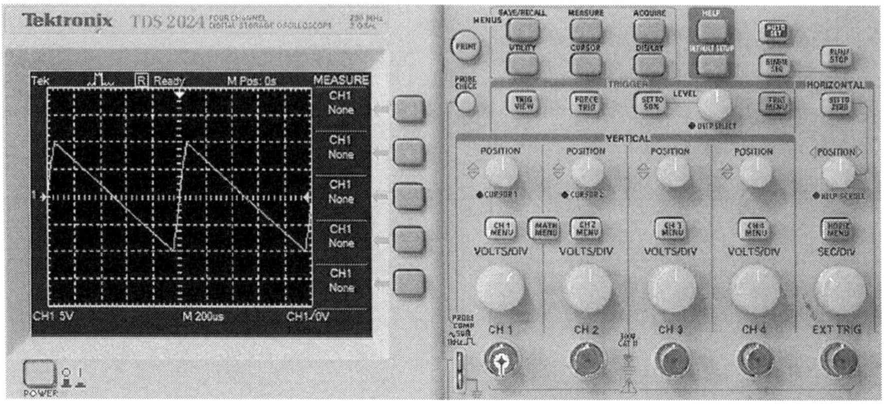

Bild 8.22: Frontplatte eines Industrie-Digitaloszilloskops

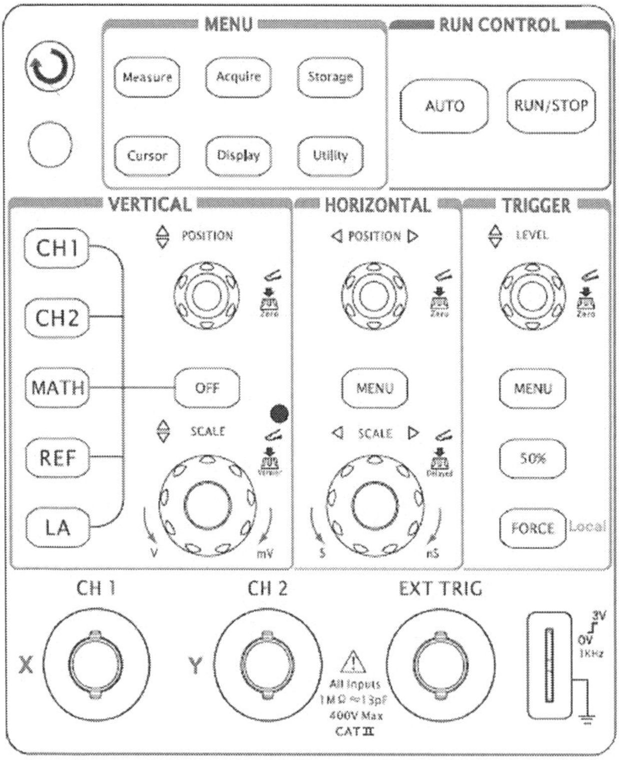

Bild 8.23: Typische Frontplatte eines einfachen Digitaloszilloskops (RIGOL)

Bei einer analogen Bandbreite von 100 MHz liegt die reale Abtastrate typischerweise bei 1 GS/s. Damit können einmalige Ereignisse bis zu einer minimalen Dauer von 100 ns realistisch dargestellt werden. Periodische Signale lassen sich mit einer äquivalen-

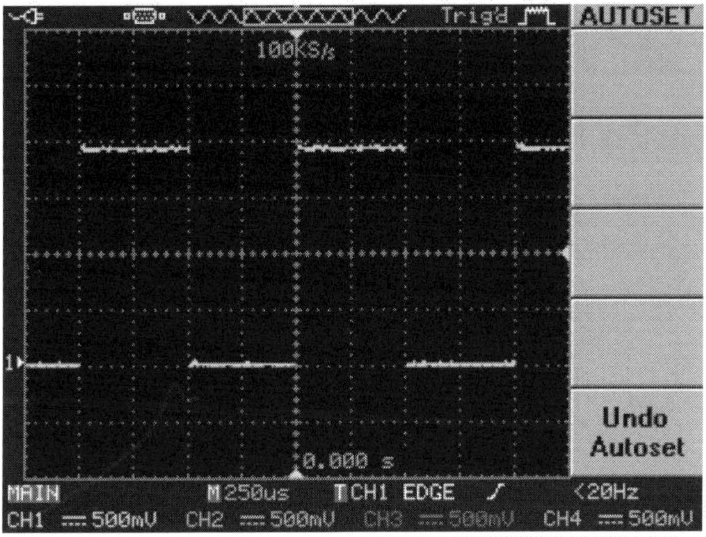

Bild 8.24: Display eines einfachen Digitaloszilloskops (RIGOL)

ten Rate von 50 GS/s abtasten. Die Abtastrate verteilt sich immer über alle Kanäle. Werden also zwei Kanäle genutzt, stehen pro Kanal 500 MS/s real und 25 GS/s äquivalent zur Verfügung.

Die Auflösung liegt bei 8 bit. Die Amplitudenauflösung erreicht somit etwa 0,5 % (1/256). Das typische Display eines Digitaloszilloskops sehen Sie in Bild 8.24.

Über ein Menü werden die Parameter für jeden Eingang festgelegt. Wie gewohnt stehen die Kopplungsarten AC und DC zur Verfügung, mit *Ground* wird der Eingang kurzgeschlossen. Neu ist die Funktion Bandbreitenbegrenzung. Damit wird die analoge Bandbreite z. B. auf 20 MHz begrenzt, um höherfrequente Störungen (Rauschen) zu unterdrücken. Mit *Invert* kann die Signalpolarität des betreffenden Kanals umgedreht werden.

Die standardmäßig eingeblendeten Messwerte geben nur dann den korrekten Wert wieder, wenn dem Oszilloskop für den betreffenden Kanal das Teilverhältnis des angeschlossenen Tastkopfs mitgeteilt wird. Bei hochwertigen Oszilloskopen geschieht dies automatisch, einfache Geräte verlangen hier eine manuelle Eingabe. Achten Sie sorgfältig darauf, dass Sie diese Funktion nutzen, sonst sind die angezeigten Spannungswerte falsch. Der Fehler liegt dann möglicherweise gar nicht am zu untersuchenden Gerät, sondern an der Bedienung des Oszilloskops. Üblich sind folgende Einstellmöglichkeiten:

- 1:1
- 1:10
- 1:100
- 1:1.000

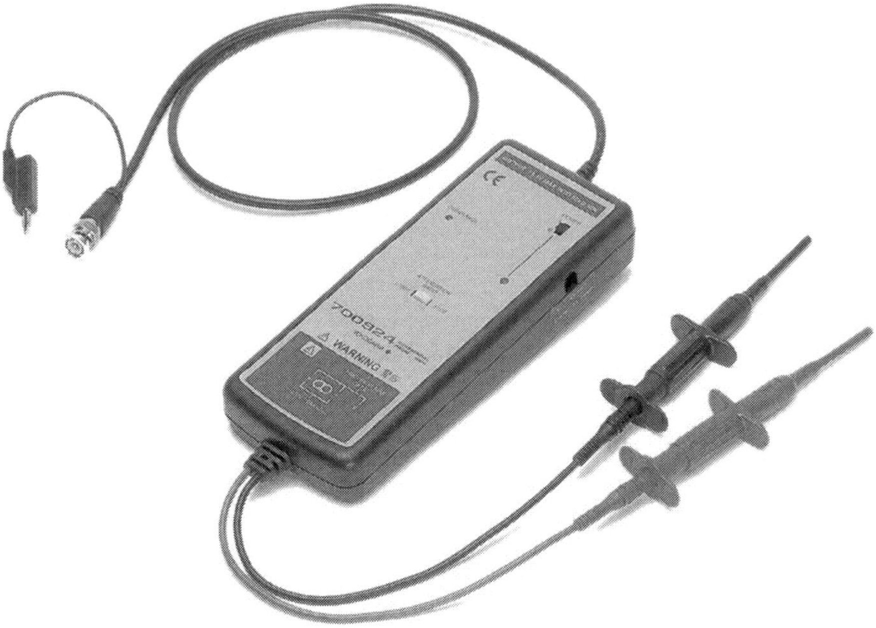

Bild 8.25: Typischer Differenzialtastkopf

Beim Kauf eines Tastkopfs sollten Sie deshalb darauf achten, dass sein Teilverhältnis den Einstellmöglichkeiten Ihres Digitaloszilloskops entspricht (z. B. sind Teilverhältnisse von 1:20 in dieser Hinsicht problematisch). Bild 8.25 zeigt einen Differenzialtastkopf der Firma Yokogawa.

Jeder Kanal kann als Triggerquelle definiert werden, ebenso wie die Netzwechselspannung. Zusätzlich gibt es einen getrennten Eingang für ein externes Triggersignal.

Die Triggerschaltung verfügt über folgende drei Betriebsarten:

- Auto
- Single
- Normal

Im *Auto*-Modus stellt das Gerät ständig ein eigenes Triggersignal zur Verfügung. Der Strahl wird in jedem Fall entsprechend dem eingestellten Zeitablenkkoeffizienten periodisch abgelenkt. Single löst nach dem Auftreten eines Triggersignals ein einmaliges Ablenkereignis aus. Im Normalfall aber nutzen Sie den Modus *Normal*. Damit wird die Triggerschaltung exakt mit den von Ihnen gewählten Parametern betrieben. Sie können auf an-/absteigende Flanke, Pulsbreite (z. B. auf Werte zwischen 20 ns und 200 µs einstellbar), auf Videosignale sowie auf die Netzfrequenz oder TTL- oder ECL-Pegel (extern) triggern.

Auch eine verzögerte Strahlablenkung (holdoff) im Bereich von 40 nS bis 2,5 s ist möglich. Zuschaltbare Hoch- und Tiefpassfilter (Grenzfrequenz 50 kHz) helfen bei gemischten Signalen mit, mehr auf den niederfrequenten oder höherfrequenten Anteil zu triggern. Die Größe des Zwischenspeichers für das digitalisierte Signal ist mittlerweile so groß, dass die Zeitskala einer gespeicherten Signalanzeige um einen Faktor bis zu 10 gedehnt werden kann. Damit können in Einzelfällen Signaldetails examiniert werden.

Nicht nur mehrere Signalverläufe, sondern auch mehrere komplette Geräteeinstellungen sowie Bildschirmkopien können gespeichert werden – Letztere ganz einfach auf einem USB-Stick, der auf der Gerätevorderseite eingesteckt wird.

Eine gespeicherte Signalform kann als Norm festgelegt und mit einem selbst definierbaren Toleranzbereich umgeben werden. In Serienmessungen prüft das Oszilloskop jetzt bei jedem gemessenen Signal, ob es innerhalb des Toleranzbereichs liegt. Verwenden Sie diese Funktion z. B. in einer Messschaltung, mit der die Kennlinie von Halbleitern aufgenommen wird, können Sie besonders präzise aufeinander abgestimmte Transistor- oder Diodenpärchen selektieren.

In der zuletzt angesprochenen Messschaltung nutzen Sie die Betriebsart X/Y-Betrieb. Die Möglichkeit, jeden Kanal invertieren zu können, sorgt dafür, dass z. B. Kennlinien in der gewohnten Orientierung erscheinen.

Auf zwei Kanäle können folgende mathematische Funktionen angewendet werden:

- Addition
- Subtraktion
- Multiplikation
- Division

Darüber hinaus kann das Signal jeden Kanals einer schnellen Fouriertransformation (Spektralzerlegung) unterzogen werden. Die Y-Achse kann dann wahlweise in V/Div oder dBV/Div angezeigt werden. Auf der X-Achse wird die Frequenz abgelesen. Bei der Fehlersuche hilft diese Funktion unter anderem in folgenden Fällen:

- Klirrfaktoren bei NF-Verstärkern oder Oszillatoren
- Oberwellen in HF-Verstärkern oder Oszillatoren
- Spektralzerlegung von Pulsen

In vielen Fällen reicht die einfach und schnell nutzbare eingebaute Hardcopy-Funktion für Dokumentationszwecke völlig aus. In automatisierten Messanwendungen ist es allerdings hilfreich, dass das Oszilloskop auch über den PC gesteuert werden kann. In einigen Fällen sind die Steuerbefehle dokumentiert. So können sogar eigene Steuerprogramme geschrieben werden.

8.3 Praktikum 4: LCR-Meter in der Praxis

Auch die in der modernen Elektronik unverzichtbaren Bauteile wie Widerstände, Kondensatoren und Induktivitäten müssen bei der Fehlersuche überprüft werden können. Die in Multimetern realisierten Lösungen sind aber leider in der Praxis oft unzureichend. Wenn Sie sich häufiger auf Fehlersuche in elektronischen Schaltungen begeben, ist die Anschaffung eines geeigneten Messgeräts sinnvoll. Die Auswahl ist groß. Neben stationär betriebenen Laborgeräten gibt es auch tragbare Geräte. Im Folgenden wird jeweils ein typischer Vertreter der beiden Gerätekategorien kurz vorgestellt.

Bild 8.26 zeigt die Frontplatte einer älteren Version eines typischen Labor-LCR-Messgeräts der Preisklasse um etwa 350 €. Per Drucktasten wird die Messfunktion – Induktivität, Kapazität und Widerstand – gewählt. Die beiden Letztgenannten erlauben es auf einfache Art und Weise, die Güte des Messobjekts (bezogen auf die Messfrequenz) zu bestimmen. Das Gerät bietet folgende Daten:

- Induktivität 0,01 μH bis 9.999 H
- Kapazität 0,001 pF bis 99,9 mF,
- Widerstand 0,001Ω bis 99,9 MΩ
- Güte 0,0001 bis 99,9
- Displayauflösung 4 ½ Stellen
- Messfrequenzen 100 Hz, 120 Hz, 1 kHz, 10 kHz und 25 kHz
- 1 V Gleichspannung kann zur genauen Messung von Elektrolytkondensatoren zugeschaltet werden
- die Messbereiche sind elektronisch vor Überlastung gesichert

Für besonders präzise Messungen kann ein spezieller Vierdraht-Tastkopf angeschlossen werden (Bild 8.27). Damit werden Verfälschungen des Messergebnisses infolge

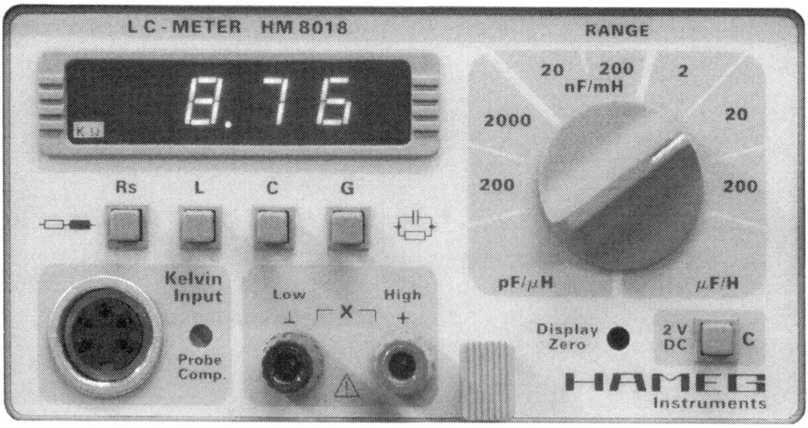

Bild 8.26: Einfaches LCR-Labormeter

Bild 8.27: 4-Draht-Messleitung

von Spannungsabfall in den Messleitungen eliminiert. So kann die maximal mögliche Auflösung des Labormessgeräts auch wirklich in der Praxis erzielt werden. Die Wahl unterschiedlicher Messfrequenzen erlaubt zudem die Abschätzung der Größenordnung einer eventuell vorhandenen Frequenzabhängigkeit der Induktivität.

Ist eine mobile Lösung für die Komponentenmessung gefragt, steht ebenfalls eine breite Produktpalette zur Auswahl. Anders als bei Multimetern sind Angebote für 20 oder 30 € keine sinnvolle Alternative. Die geringe Messgenauigkeit und die zu hohen unteren Bereichsgrenzen sind nicht praxistauglich.

Zwei brauchbare Geräte in der Preisklasse von etwa 150 € sehen Sie in den Bildern 8.28 und 8.29. Die einfachere Ausführung (Bild 8.28) bietet 3 ½ Stellen, die bessere Ausführung (Bild 8.29) 4 ½ Stellen Anzeigegenauigkeit.

In der täglichen Praxis ist es von Vorteil, wenn ein tragbares Gerät, normalerweise von Batterien mit Strom versorgt, im Notfall auch mit einem Netzgerät betrieben werden kann. So können Sie auch dann noch Messungen durchführen, wenn Batterie oder Akku gerade leer sind. Beide vorgestellten Geräte verfügen über diese Option.

Das LCR-Meter mit der höheren Auflösung bietet folgende Daten:

- Induktivität 1 mH bis 9.999 H in 7 Bereichen, maximale Auflösung 0,1 µH
- Kapazität 1 nF bis 9,9 mF, maximale Auflösung 0,1 pF
- Widerstand 10 Ω bis 9,9 MΩ, maximale Auflösung 0,001Ω
- Güte 1 bis 999 für Serien- oder Parallelverlustwiderstand, maximale Auflösung 1
- Displayauflösung 4 ½ Stellen
- Messfrequenzen 120 Hz und 1 kHz, umschaltbar
- alle Messbereiche sind über eine Feinsicherung vor Überlastung geschützt

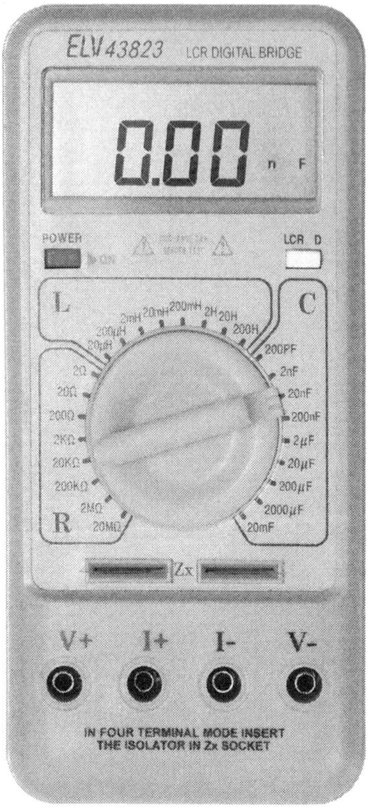

Bild 8.28: Einfaches LCR-Meter mit 3-stelliger Anzeige

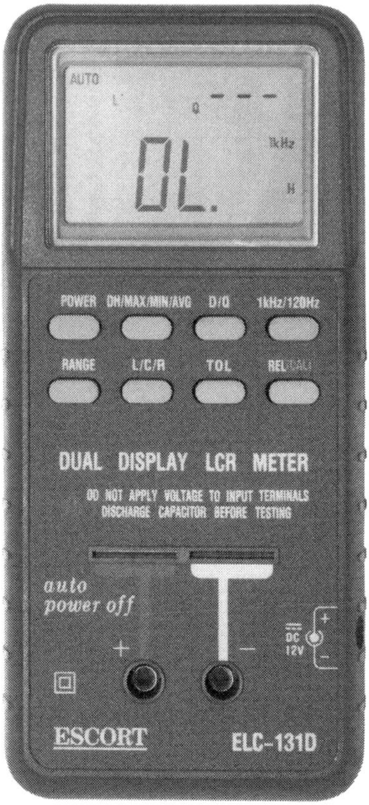

Bild 8.29: Präzises LCR-Meter mit 4-stelliger Anzeige

Als Ersatz für eine echte Vierdraht-Messleitung verfügt das Gerät über eingebaute vergoldete Kontaktleisten. Dort können die Anschlussdrähte der zu untersuchenden Bauteile einfach eingesteckt werden. Messungsverfälschungen durch Spannungsabfall in den Messleitungen entfallen damit.

Die gemessene Güte (dabei kann zwischen Serien- und Parallelverlusten gewählt werden) bezieht sich auf die gewählte Messfrequenz. Zur Abschätzung der Güte bei abweichenden Betriebsfrequenzen können Sie nachfolgende Formel verwenden:

$$Q_b = Q_m * \frac{f_b}{f_m}$$

Q_b Güte bei der Betriebsfrequenz
Q_m Güte bei der Messfrequenz
f_b Betriebsfrequenz
f_m Messfrequenz

Damit erhalten Sie allerdings nur einen groben Schätzwert, da die tatsächliche Güte teilweise erheblich von der gewählten Betriebsfrequenz abhängt. In der Regel liegt die tatsächlich wirksame Güte deutlich niedriger als der berechnete Schätzwert.

8.4 Praktikum 5: Temperaturmessung in der Praxis

Temperaturmessungen sind relativ häufig durchzuführen, auch wenn Sie nicht gerade Fehler in elektronischen Schaltungen suchen. Für die Anwendung im letztgenannten Fall besonders geeignet sind berührungslos arbeitende Messsysteme, Infrarotthermometer genannt.

Weniger praktisch, aber im Notfall ebenfalls verwendbar sind preiswerte Kabeltemperaturfühler. Bild 8.30 zeigt eine Ausführung mit temperaturabhängigem Widerstandssensor der Preiskategorie um 10 €. Je nach Temperatur an der Messspitze ändert sich definiert der Widerstand des Sensors. Dieser Temperaturfühler kann an jedem Multimeter mit Widerstandsmessbereich angeschlossen werden. Eine beiliegende Eichskala erlaubt die Umrechnung des gemessenen Widerstands in Temperatur.

Technische Daten:

- Temperaturmessbereich –50 °C bis +250 °C
- Genauigkeit etwa 3 °C
- Messzeit etwa 10 s

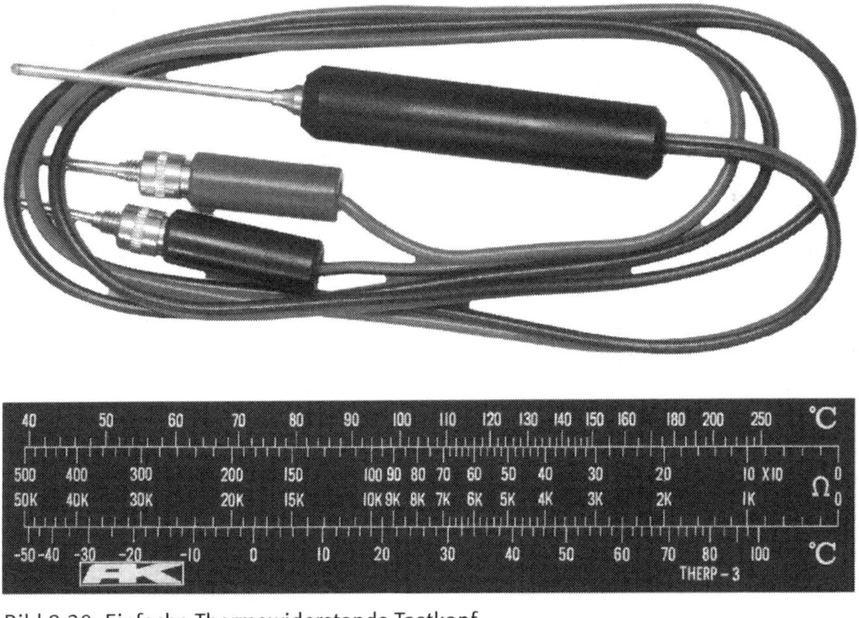

Bild 8.30: Einfache Thermowiderstands-Tastkopf

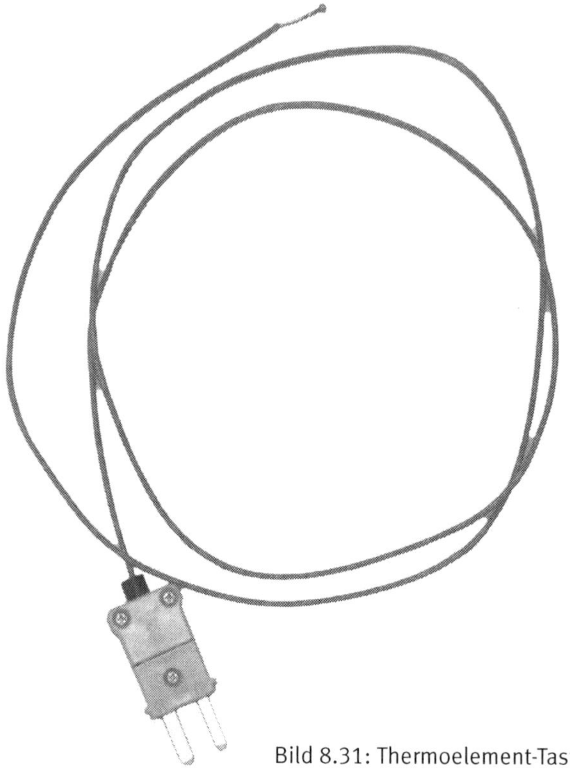

Bild 8.31: Thermoelement-Tastkopf

Auch im professionellen Umfeld sind Temperaturfühler verwendbar, die nach dem Prinzip der Thermospannung arbeiten. Ein solcher Temperatursensor besteht aus zwei dünnen Drähten unterschiedlichen Materials, z. B. Ni-Cr und Ni. Die beiden Drähte sind separiert und gegeneinander isoliert. Nur an der Spitze sind sie miteinander verschweißt. Bild 8.31 zeigt eine Ausführung der Kategorie um 20 €. Sie werden einfach an ein Multimeter mit einem geeigneten Eingang angeschlossen. Aufgrund des Seebeck-Effekts entsteht zwischen den beiden Drähten eine kleine Spannung (im Bereich Millivolt), wenn zwischen Anfang und Ende der beiden Drähte eine Temperaturdifferenz besteht. Der Zusammenhang zwischen Spannung und Temperaturdifferenz ist nicht linear, im Multimeter muss deshalb eine passende Rechenoperation hinterlegt sein. Es gibt auch externe Prozessoren für diese Temperaturfühler (Bild 8.32). Am Ausgang steht in diesem Fall eine Gleichspannung zur Verfügung, die in linearem Zusammenhang mit der Temperatur an der Messspitze steht. Damit kann der Temperatursensor an jedem normalen Multimeter benutzt werden. Der Temperaturfühler reagiert relativ schnell auf Temperaturänderungen. Die Zuverlässigkeit der Messung steht und fällt aber damit, dass die Spitze des Messfühlers guten mechanischen Kontakt mit der Oberfläche des Messobjekts hat.

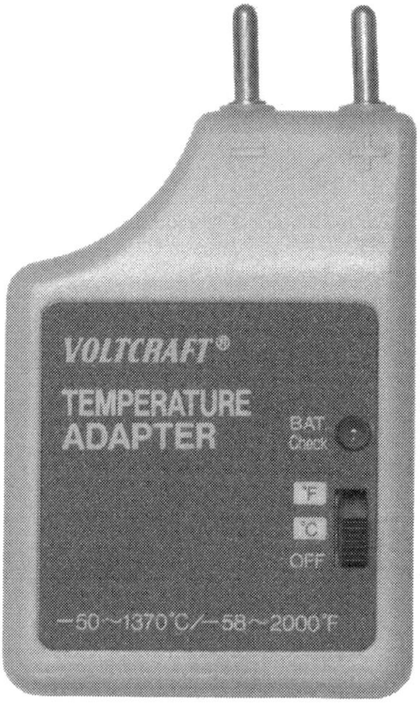

Bild 8.32: Thermoelement-Prozessor

Technische Daten:

- Temperaturmessbereich –50 °C bis 1.370 °C
- Genauigkeit etwa 2 °C
- Messzeit etwa 5 s

Auf Dauer lohnt sich allerdings infolge der einfachen und praktisch universellen Nutzung die Anschaffung eines inzwischen ebenfalls preisgünstig erhältlichen berührungslos messenden Infrarotthermometers. Hier findet ein anderes Messverfahren Anwendung. Die Wärme wird nicht mechanisch durch Berührung auf einen Temperaturfühler übertragen. Vielmehr wird die Tatsache genutzt, dass jeder Körper eine für seine Temperatur typische Strahlung im Infrarotbereich aussendet. Eine Linse im Infrarotthermometer bündelt diese Strahlung auf einen Sensor. Die Temperatur wird digital angezeigt. Bei der Messung wird ein Laserpunkt auf das Messobjekt projiziert, der anzeigt, wo genau die Temperaturmessung erfolgt. Wichtig ist das sogenannte *D:S-Verhältnis* (distance to spot size). Es gibt an, wie groß der Durchmesser des Messflecks bei einer gegebenen Messentfernung ist.

$$d_m = \frac{e_m}{\frac{D}{S}}$$

d_m Durchmesser des Messflecks
e_m Messentfernung
D/S D:S-Verhältnis (Verhältnis von Entfernung zu Messfleckgröße)

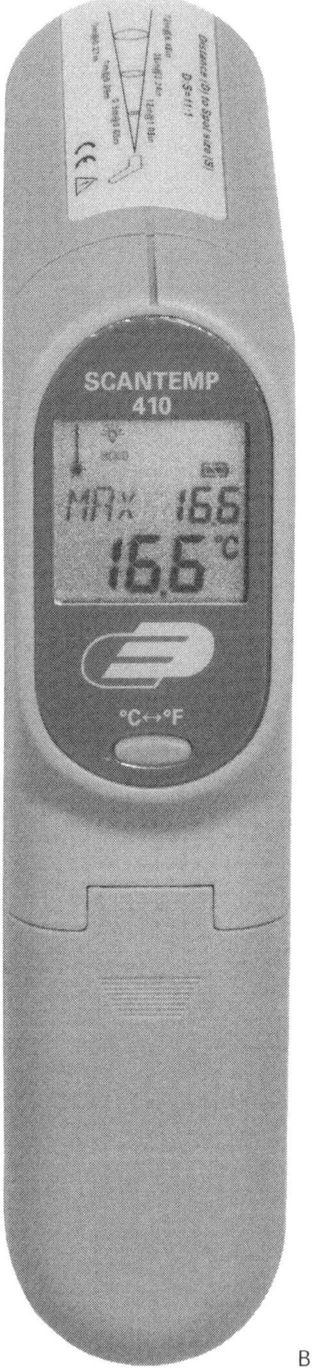

Angenommen, das verwendete Infrarotthermometer hat ein D:S-Verhältnis von 11:1, dann liegt der Durchmesser des Messflecks bei 5 mm, wenn das Infrarotthermometer 5 cm vom Messobjekt entfernt ist. Einfachere Infrarotthermometer haben einen größeren Messfehler, wenn die Temperatur glänzender Metalloberflächen gemessen wird. Bei hochwertigen Ausführungen kann dieser Messfehler korrigiert werden.

Bild 8.33 zeigt ein robustes und für den betrieblichen Alltag taugliches Infrarotthermometer der 50-€-Preisklasse. Es verfügt über folgende technischen Daten:

- Temperaturmessbereich –33 °C bis +500 °C, maximale Auflösung 0,1 °C
- Genauigkeit besser als 2 °C
- Ansprechzeit 1 s
- D:S-Verhältnis 11:1
- Stromversorgung 2 mal AAA

Bild 8.33: Infrarotthermometer

Sachverzeichnis

Made in United States
Orlando, FL
06 November 2026

90299266R00063